高职高专土建类建筑工程技术专业课程试题库

建筑工程计量与计价试题库

主　编　何　芳

副主编　陶继水　谢　颖

中国水利水电出版社
www.waterpub.com.cn

内 容 提 要

本书是在建筑工程技术专业人才培养方案和“建筑工程计量与计价”课程标准的指导下，以国家现行规程规范为依据编制的。主要内容包括建筑工程计价概述、建筑工程消耗量定额、建筑工程费用、建筑工程工程量清单共四个任务的试题，并在书后附试题答案。

本书可作为高职高专院校、高等专科学校、成人教育学院的建筑工程技术、建筑工程管理等专业教学参考用书，满足职业教育双证制的要求，也可供广大专业技术人员作为职业资格考试的参考书。

图书在版编目（CIP）数据

建筑工程计量与计价试题库 / 何芳主编. -- 北京 : 中国水利水电出版社, 2014.5（2023.5重印）
高职高专土建类建筑工程技术专业课程试题库
ISBN 978-7-5170-2020-2

Ⅰ. ①建… Ⅱ. ①何… Ⅲ. ①建筑工程－计量－高等职业教育－习题集②建筑造价－高等职业教育－习题集 Ⅳ. ①TU723.3-44

中国版本图书馆CIP数据核字(2014)第097700号

书　　名	高职高专土建类建筑工程技术专业课程试题库 **建筑工程计量与计价试题库**
作　　者	主编　何芳　副主编　陶继水　谢颖
出版发行	中国水利水电出版社 （北京市海淀区玉渊潭南路1号D座　100038） 网址：www.waterpub.com.cn E-mail：sales@mwr.gov.cn 电话：（010）68545888（营销中心）
经　　售	北京科水图书销售有限公司 电话：（010）68545874、63202643 全国各地新华书店和相关出版物销售网点
排　　版	中国水利水电出版社微机排版中心
印　　刷	天津嘉恒印务有限公司
规　　格	184mm×260mm　16开本　13.5印张　320千字
版　　次	2014年5月第1版　2023年5月第6次印刷
印　　数	7621—9120册
定　　价	**45.00**元

凡购买我社图书，如有缺页、倒页、脱页的，本社营销中心负责调换

前　言

为了实现高职高专理论教学考核方式改革，适应无纸化计算机考试的要求，满足学生期末复习应考的需要，帮助学生在学习过程中进行练习和自我检测，强化训练，从而顺利通过考试，本专业改革与指导委员会组织专业骨干教师和教学精英编写了这套《高职高专土建类建筑工程技术专业课程试题库》。本套书共18册，涵盖了建筑工程技术以及建筑工程管理专业的全部课程的理论教学内容，分别为：

《工程测量试题库》

《建筑材料试题库》

《工程CAD试题库》

《工程力学试题库》

《建筑构造试题库》

《工程制图试题库》

《土力学与地基基础试题库》

《钢筋混凝土结构试题库》

《钢结构试题库》

《建筑设备试题库》

《建筑工程施工技术试题库》

《建筑工程施工组织试题库》

《建筑工程计量与计价试题库》

《建筑工程项目管理试题库》

《工程监理试题库》

《建筑工程安全技术试题库》

《建筑工程法律与法规试题库》

《工程招投标与合同管理试题库》

本套题库是在建筑工程技术专业人才培养方案和对应课程标准的指导下，以建筑工程技术专业系列教材和国家现行规程规范为依据编制的，与本专业对应的国家各类职业资格考试相结合，既紧扣教材本身，又不局限于书本；题库题量大，覆盖面广，题目构思精巧，答案准确唯一；采用主观题客观化的方法命题，突出实用性和应用性。

本套题库可作为高职高专院校、高等专科学校、成人教育学院的建筑工程技术、建筑工程管理等专业教学参考用书，满足职业教育双证制的要求，也可供广大专业技术人员作为职业资格考试的参考书。

《建筑工程计量与计价试题库》由安徽水利水电职业技术学院何芳主编。何芳编写任务一～任务三；谢颖、陶继水编写任务四。

本书由安徽水利水电职业技术学院和安徽金煌建设集团有限公司共同开发，在编写过程中，得到了安徽金煌建设集团有限公司的大力支持，在此一并表示感谢。

限于作者理论水平和实践经验有限，书中难免存在不妥之处，恳请广大读者和同行专家批评指正。

编者

2014 年 4 月

目　　录

任务一　建筑工程计价概述

1．固定资产必须满足使用年限在（　　）以上。

A．1 年　　B．2 年　　C．3 年　　D．4 年

2．固定资产要符合单项价值达到规定限额和使用年限在（　　）两个基本条件。

A．1 年以上　　B．2 年以上　　C．半年以上　　D．3 年以上

3．建设工程是指建造新的或改造原有的固定资产。全部工作不包括（　　）。

A．建设项目的预备、筹建、设备购置　　B．生产大修理、购进施工机械

C．勘察设计、试车调试　　D．建筑安装、竣工投产

4．下列关于工程建设项目论述不正确的是（　　）。

A．具有独立施工条件竣工后可以独立发挥生产能力的建筑物及构筑物为一个单项工程

B．分部工程是建筑物按单位工程的部位、专业性质划分的

C．分项工程一般是按主要工种、材料、施工工艺、设备类别等进行划分

D．工程较大或较复杂时，可按专业系统及类别等划分为若干分项工程

5．下列关于工程建设项目论述不正确的是（　　）。

A．具有独立施工条件竣工后可以独立发挥生产能力的建筑物及构筑物为一个单项工程

B．分部工程是建筑物按单位工程的部位、专业性质划分的

C．分项工程一般是按主要工种、材料、施工工艺、设备类别等进行划分

D．单位工程是计量工程用工用料和机械台班消耗的基本单元

6．在以下特征中，不属于建设项目基本特征的是（　　）。

A．单件性　　B．具有一定约束条件

C．重复性　　D．具有生命周期

7．以下不属于建设项目特征的是（　　）。

A．局部性　　B．体积庞大　　C．建设周期长　　D．投资额巨大

8．根据建设性质划分，不属于基本建设项目的是（　　）。

A．扩建项目　　B．迁建项目　　C．恢复项目　　D．迁改项目

9．下列不属于基本建设项目按其建设性质划分的是（　　）。

A．新建项目　　B．扩建项目　　C．恢复项目　　D．环境保护项目

10．建设工程项目按建设性质划分，可分为（　　）。

A．新建项目、扩建项目、改建项目、迁建项目

B．生产性建设工程项目和非生产性建设工程项目

C．竞争性项目、基础性项目和公益性项目

D．政府投资项目和非政府投资项目

11．在建设项目的分类中，不是按照项目的性质来分的是（　　）。
A．加建项目　B．扩建项目　C．新建项目　D．迁建项目

12．不属于按建设项目的建设过程分类的是（　　）。
A．筹建工程　B．在建工程　C．恢复项目　D．投产项目

13．按建设形式的不同分类下列不属于基本建设项目的是（　　）。
A．新建　B．扩建　C．改建　D．重建

14．建设项目按照在国民经济中的用途可分为（　　）。
A．生产性建设项目和非生产性建设项目
B．限额以上和限额以下项目
C．政府投资项目和非政府投资项目
D．竞争性项目、基础性项目和公益性项目

15．建设项目按照行业性质和特点可分为（　　）。
A．生产性建设项目和非生产性建设项目
B．限额以上和限额以下项目
C．政府投资项目和非政府投资项目
D．竞争性项目、基础性项目和公益性项目

16．更新改造项目划分为限额以上和限额以下两种，这是按照（　　）进行分类的。
A．建设性质　B．投资作用　C．投资额　D．设计生产能力

17．下列不属于生产性建设项目的是（　　）。
A．水利灌溉系统　B．大型物流中心　C．火电厂　D．敬老院

18．按建设工程用途，不是生产性建设项目的有（　　）。
A．新建的水利工程项目　B．新建的交通工程项目
C．新建的医院项目　D．新建的电厂项目

19．按建设工程用途，不是生产性建设项目的是（　　）。
A．新建的电厂项目　B．新建的水利工程项目
C．新建的学校项目　D．新建的交通工程项目

20．按建设工程投资用途，不属于生产性建设项目的有（　　）。
A．运输工程项目　B．能源工程项目
C．物质文化生活需要的项目　D．工业工程项目

21．下列关于建设项目论述中错误的是（　　）。
A．建设项目是按一个总体设计进行建设的各个单项工程的总体
B．可以将属于一个总体设计的工程按施工单位不同划分为几个建设项目
C．不能把不属于一个总体设计的工程，按照各种方式归算为一个建设项目

D．建设项目组织是独立的，应具有法人资格

22．建设工程项目组成中的最小单位是（　　）。
A．分部工程　　B．分项工程　　C．单项工程　　D．单位工程

23．在一个建设项目中，具有独立的设计文件，竣工后可以独立发挥生产能力或工程效益的工程项目被称为（　　）。
A．分部工程　　B．分项工程　　C．单项工程　　D．单位工程

24．某工程有独立设计的施工图纸和施工组织设计，但建成后不能独立发挥生产能力，此工程应属于（　　）。
A．分部、分项工程　B．单项工程　　C．分项工程　　D．单位工程

25．原预算定额的项目一般是按施工工序进行设置的，而工程量清单项目的划分，一般是以一个（　　）考虑的。
A．单位工程　　B．单项工程　　C．分部、分项工程　D．综合实体

26．某学校新校区建设属于（　　）。
A．建设项目　　B．分项工程　　C．单位工程　　D．单项工程

27．大型食品加工厂属于（　　）。
A．单项工程　　B．分部工程　　C．建设项目　　D．单位工程

28．某新建小区的 01 幢房屋是一个（　　）。
A．建设项目　　B．单项工程　　C．单位工程　　D．分部工程

29．在民用建筑中，一所医院中的住院大楼是一个（　　）。
A．建设项目　　B．单项工程　　C．单位工程　　D．分项工程

30．新建工业建设项目的土建工程是一个（　　）。
A．建设项目　　B．单项工程　　C．单位工程　　D．分部工程

31．在建设项目的划分中，下列项目不属于单位工程的是（　　）。
A．土方工程　　B．土建工程　　C．取暖工程　　D．电器照明

32．在建设项目的划分中，下列项目不属于单位工程的是（　　）。
A．土建工程　　B．穿线工程　　C．电器照明　　D．取暖工程

33．下列选项中不属于单位工程的是（　　）。
A．一座发电厂　　B．某影剧院的暖通工程
C．一幢写字楼的土建工程　　D．一幢办公楼的给排水工程

34．下列选项中不属于单位工程的是（　　）。
A．一幢教学楼的基础工程　　B．某影剧院的暖通工程
C．一幢写字楼的土建工程　　D．一幢办公楼的给排水工程

35．根据建设项目划分原则，某住宅中的土石方工程属于（　　）。
A．单位工程　　B．单项工程　　C．分部工程　　D．分项工程

36．建筑工程中的钢筋工程属于（　　）。
A．单项工程　　B．单位工程　　C．分部工程　　D．分项工程

37．在建设项目的划分中，下列项目不属于分项工程的是（　　）。
A．挖基坑　　B．回填打夯　　C．门窗工程　　D．防潮层

38．在建设项目的划分中，下列项目不属于分项工程的是（　　）。
A．挖基坑　　B．回填打夯　　C．防潮层　　D．屋面工程

39．下列项目不属于分项工程的是（　　）。
A．土石方工程　　B．C20 混凝土梁的制作
C．水磨石地面　　D．人工挖地槽土方

40．下列项目不属于分项工程的是（　　）。
A．天棚工程　　B．C20 混凝土梁的制作
C．水磨石地面　　D．人工挖地槽土方

41．在建设项目的划分中，建设项目按照范围分，不包括（　　）。
A．单项工程　　B．单位工程　　C．分项工程　　D．工序

42．工程项目建设程序是工程建设过程客观规律的反应，各个建设阶段（　　）。
A．次序可以颠倒，但不能交叉
B．次序不能颠倒，但可以进行合理的交叉
C．次序不能颠倒，也不能进行交叉
D．次序可以颠倒，同时可以进行合理的交叉

43．在工程建设的程序中，经历了（　　）的多次性计价。
A．估算→概算→修正概算→预算→决算→结算
B．估算→概算→修正概算→预算→结算→决算
C．概算→估算→修正概算→预算→结算→决算
D．概算→修正概算→估算→预算→结算→决算

44．在基本建设程序不同阶段对应的计价下列不正确的是（　　）。
A．可行性研究阶段——投资估算　　B．初步设计阶段——设计总概算
C．招投标阶段——承包合同价　　D．业主编制决算文件——竣工结算价

45．工程造价具有多次性计价特征，其中各阶段与造价对应关系不正确的是（　　）。
A．招投标阶段——合同价　　B．合同实施阶段——合同价
C．竣工验收阶段——实际造价　　D．施工图设计阶段——预算价

46．工程造价具有多次性计价特征，其中各阶段与造价对应关系不正确的是（　　）。
A．招投标阶段——合同价　　B．可行性研究阶段——概算造价

C．竣工验收阶段——实际造价　　D．施工图设计阶段——预算价

47．拟建项目单位向国家提出要求建设某一工程项目目的的建议文件是（　　）。
A．项目建议书　　B．可行性研究报告
C．设计任务书　　D．立项报告

48．项目建议书阶段的投资估算通常要求精度的范围是（　　）。
A．允许误差大于±30%　　B．控制在±30%以内
C．控制在±20%以内　　D．控制在±10%以内

49．详细可行性研究阶段的投资估算精度的要求为误差控制在（　　）以内。
A．±30%　　B．±20%　　C．±10%　　D．±5%

50．投资估算精度应满足控制（　　）的要求。
A．初步设计概算　　B．施工图预算
C．项目资金筹资计划　　D．项目投资计划

51．可行性研究工作主要在（　　）进行。
A．投资前时期　　B．投资时期　　C．生产时期　　D．后评估时期

52．在国内建设程序中，通过多方案比较，提出评价意见，推荐最佳建设方案的阶段是（　　）。
A．项目建议书阶段　　B．可行性研究阶段
C．初步设计阶段　　D．建设前期准备工作阶段

53．某一建设项目的决策以该项目的（　　）被批准为标志。
A．项目建议书　　B．可行性研究报告
C．设计任务书　　D．初步设计

54．建设项目可行性研究报告可作为（　　）依据。
A．调整合同价　　B．编制标底和投标报价
C．工程估算　　D．项目后评价

55．项目可行性研究的前提和基础是（　　）。
A．效益研究　　B．市场研究　　C．技术研究　　D．环境研究

56．建设程序的可行性研究阶段所做的造价为（　　）。
A．估算　　B．概算　　C．预算　　D．结算

57．投资估算是在（　　）阶段，确定工程造价的文件。
A．可行性研究　　B．初步设计　　C．技术设计　　D．施工图设计

58．投资估算是在（　　）阶段编制。
A．项目建议书和可研阶段　　B．设计阶段
C．施工阶段　　D．竣工验收阶段

59．投资估算指标法是在（　　）阶段编制工程造价的一种方法。

A．招投标　　B．项目建议书和可行性研究

C．初步设计　　D．施工图设计

60．投资估算的主要作用不包括（　　）。

A．是指导承发包合同价格的重要依据

B．是项目主管部门审批项目建议书的依据之一

C．是项目投资决策的重要依据

D．是控制投资估算的重要依据

61．作为设计任务书下达的投资限额是（　　）。

A．投资估算　　B．设计概算

C．工程费用估算　　D．工程费用概算

62．可行性研究投资估算是（　　）的重要依据。

A．项目科学决策　　B．列入计划

C．开工审批报告　　D．编制标底

63．投资估算在项目建设过程中的作用不包括（　　）。

A．项目建设节、可行性研究报告文件中投资估算是研究，分析、计算项目投资经济效益的重要条件，是项目经济评价的基础

B．项目建议书阶段的投资估算是项目主管部门审批项目的依据之一，并对项目的规划起参考作用

C．项目投资估算是衡量设计方案经济合理性和选择最佳设计方案的依据

D．项目投资估算是核算建设项目；固定资产投资需要额和编制固定资产投资计划的重要依据

64.作为项目主管部门审批项目的依据之一，并对项目的规划、规模起参考作用的是（　　）。

A．项目建设书、可行性研究报告文件中投资估算

B．项目建议书阶段的投资估算

C．项目可行性研究阶段的投资估算

D．项目投资估算

65．投资估算指标可分为3个层次，不属于这3个层次的是（　　）。

A．建设项目综合指标　　B．分部、分项工程指标

C．单项工程指标　　D．单位工程指标

66．投资估算指标可分为3个层次，不属于这3个层次的是（　　）。

A．建设项目综合指标　　B．工序指标

C．单项工程指标　　D．单位工程指标

67．投资估算的编制依据不包括（　　）。

A．有关部门颁布的现行概算定额、概算指标、费用定额等

B．工程勘察与设计文件，图示计量或有关专业提供的主要工程量和主要设备清单
C．国家、行业和地方政府的有关规定
D．类似工程的各种技术经济指标和参数及其他技术经济资料

68．投资估算的编制依据不包括（　　）。
A．国家、行业和地方政府的有关规定
B．工程勘察与设计文件，图示计量或有关专业提供的主要工程量和主要设备清单
C．项目的技术复杂程度，以及新技术、专利使用情况等
D．类似工程的各种技术经济指标和参数及其他技术经济资料

69．项目决策和设计阶段工程造价控制的意义不包括（　　）。
A．在项目决策和设计阶段控制工程造价效果不明显
B．在项目决策相设计阶段控制工程造价会使控制工作更加主动
C．在项目决策和设计阶段控制工程造价便于技术与经济相结合
D．在项目决策和设计阶段进行工程造价控制可以使投资构成更合理，提高资金利用效率

70．项目决策阶段影响工程造价的最主要因素是（　　）。
A．建设地点　　B．建设规模
C．建设单位　　D．建设所占地面积

71．下列项目中不属于项目决策阶段影响工程造价因素的是（　　）。
A．项目规模合理性　　B．项目建设标准水平
C．厂址选择　　D．建筑结构选择

72．项目投资及工程造价的多少取决于多种因素，其中主要因素不包括（　　）。
A．工艺流程及设备选型　　B．建筑标准
C．劳动定员　　D．建设单位

73．有效控制造价应体现的原则不包括（　　）。
A．以施工阶段为重点的建设全过程造价控制
B．以设计阶段为重点的建设全过程造价控制
C．技术与经济相结合是控制工程造价有效的手段
D．主动控制，以取得令人满意的结果

74．有效控制工程造价应体现（　　）。
A．以设计阶段为重点的建设全过程造价控制
B．直接控制，以取得令人满意的结果
C．人才与经济相结合是控制工程造价最有效的手段
D．知识与信息相结合是控制工程造价最有效的手段

75．按我国现行规定，可行性研究报告批准后应当（　　）。
A．编制设计文件　　B．编制投资计划

C．选择建设地点　　D．提出项目建议书

76．建设项目全过程造价管理的重点应该放在（　　）。
A．投资决策阶段　　B．设计阶段
C．施工阶段　　D．工程决算阶段

77．有效控制工程造价应体现为以（　　）为重点的建设全过程造价控制。
A．设计阶段　　B．投资决策阶段　　C．招投标阶段　　D．施工阶段

78．建设项目投资控制应贯穿于工程建设全过程，在建设项目的实施阶段应以（　　）为重点。
A．施工阶段　　B．设计阶段　　C．招投标阶段　　D．决策阶段

79．工程造价的控制主要在于（　　）阶段。
A．施工　　B．招投标　　C．竣工结算　　D．投资决策和设计

80．对工程造价前期预控主要在（　　）通过控制工程规模、范围、标准等方法进行前期预控。
A．项目建议书阶段　　B．可行性研究阶段
C．可行性研究和初步设计阶段　　D．施工图设计阶段

81．有效控制工程造价，不正确的是（　　）。
A．以施工阶段为重点　　B．实施全过程造价控制
C．加强工程造价控制的主动性　　D．技术与经济相结合

82．有效控制工程造价，不正确的是（　　）。
A．以施工图预算为全过程控制目标　　B．实施全过程造价控制
C．加强工程造价控制的主动性　　D．技术与经济相结合

83．工程建设项目的建设程序中，不需要在设计工作阶段做的是（　　）。
A．可行性研究　　B．初步设计　　C．技术设计　　D．施工图设计

84．建设项目的三阶段设计是指（　　）。
A．单位工程设计、单项工程设计、建筑项目总设计
B．初步设计、技术设计、施工图设计
C．总图运输设计、平面设计、立面设计
D．初步设计、技术设计、扩大初步设计

85．在初步设计阶段，需要设计优化的工作很多，下列选项中不属于初步设计优化工作的是（　　）。
A．做好总平面设计优化
B．合理配置辅助设施和公用设施
C．材料的选用要考虑当地市场供应情况
D．确定适当建设标准

86．设计概算是编制和确定建设项目（　　）全部费用的文件。

A．从筹建到竣工所需建筑安装工程　　B．从筹建到竣工交付使用所需

C．从开工到竣工所需建筑安装工程　　D．从开工到竣工交付使用所需

87．建设项目总概算是编制和确定建设项目（　　）。

A．从筹建到竣工所需建筑安装工程全部费用的文件

B．从筹建到竣工交付使用所需全部费用的文件

C．从开工到竣工所需建筑安装工程全部费用的文件

D．从开工到竣工交付使用所需全部费用的文件

88．建筑工程初步设计阶段编制的工程造价文件是（　　）。

A．施工图预算　　B．设计概算　　C．投资估算　　D．施工预算

89．建设程序的初步设计阶段所做的造价称为（　　）。

A．估算　　B．概算　　C．决算　　D．结算

90．技术设计阶段的工程造价文件名称是（　　）。

A．修正概算　　B．设计概算　　C．施工图预算　　D．投资估算

91．修正概算是在（　　）阶段确定工程造价的文件。

A．方案设计　　B．初步设计　　C．技术设计　　D．施工图设计

92．按照有关规定编制的初步设计总概算，经有关机构批准，即为控制拟建项目工程造价的（　　）。

A．最低限额　　B．最终限额　　C．最高限额　　D．规定限额

93．设计概算的主要作用不包括（　　）。

A．是编制建设项目投资计划、确定和控制建设项目投资的依据

B．是控制施工图设计和施工图预算的依据

C．是衡量设计方案技术经济合理性和选择最佳设计方案的依据

D．是建设项目签订贷款合同的依据

94．设计概算的作用不包括（　　）。

A．是签订建设工程合同和贷款合同的依据

B．是编制建设项目计划、确定和控制建设项目投资的依据

C．是核算建设项目固定资产投资需要额和编制固定资产投资计划的重要依据

D．是衡量设计方案经济合理性和选择最佳设计方案的依据

95．不属于设计概算主要作用的是（　　）。

A．是编制建设项目投资计划、确定和控制建设项目投资的依据

B．是控制施工图设计和施工图预算的依据

C．是衡量设计方案技术经济合理性和选择最佳设计方案的依据

D．是建设项目签订贷款合同的依据

96．设计概算的编制原则不包括（　　）。

A．严格执行国家的建设方针和经济政策的原则

B．完整、准确地反映设计内容的原则

C．简明、适用性原则

D．坚持结合拟建工程的实际，反映工程所在地当时价格水平的原则

97．设计概算的编制原则不包括（　　）。

A．严格执行国家的建设方针和经济政策的原则

B．完整、准确地反映设计内容的原则

C．定性与定量分析相结合的原则

D．坚持结合拟建工程的实际，反映工程所在地当时价格水平的原则

98．三级概算文件编制形式的组成内容包括（　　）。

A．建筑工程概算、安装工程概算、设备工器具费概算

B．工程费用概算、工程建设其他费用概算、预备费概算

C．建设项目总概算、单项工程综合概算、单位工程概算

D．分部、分项工程费概算，措施项目概算，其他项目概算

99．下列不属于编制建设工程项目总概算的是（　　）。

A．各单项工程综合概算　　B．工程建设其他费用概算

C．预算费用　　D．固定资产投资方向调节税

100．现新建一所大学，下列哪些费用不包括在该新建大学某教学楼工程综合概算中？（　　）

A．该楼给排水工程概算　　B．该楼电气照明工程概算

C．预备费　　D．该楼土建工程概算

101．现新建一所大学，下列哪些费用不包括在该新建大学某教学楼工程综合概算中？（　　）

A．该楼给排水工程概算　　B．该楼电气照明工程概算

C．该大学征地费用　　D．该楼土建工程概算

102．下列关于设计概算的描述，错误的是（　　）。

A．设计概算一经批准，将作为控制投资的最高限额

B．设计概算是控制施工图设计和施工图预算的依据

C．设计概算是控制投资估算的依据

D．设计概算是衡量设计方案技术经济合理性的依据

103．设计阶段影响工程造价的主要因素不包括（　　）。

A．厂址选择　　B．工艺技术方案选择

C．设备造型和设计　　D．建筑材料和建筑结构的选择

104．设计阶段影响工程造价的主要因素不包括（　　）。

A．工艺评选　　B．建筑材料和建筑结构的选择
C．设备造型和设计　　D．工艺技术方案选择

105．项目设计阶段影响工程造价的主要因素不包括（　　）。
A．设施　　B．建设标准　　C．建设地点　　D．工艺设计

106．完成施工用水、电、路工程和征地、迁址以及场地平整等工作，应该属于（　　）阶段的工作内容。
A．施工图设计　　B．建设准备　　C．建设实施　　D．生产准备

107．下列不属于施工准备阶段所做的主要工作的是（　　）。
A．征地、拆迁和场地平整
B．完成施工用水、用电、用路等工作
C．组织设备、材料订货
D．组织管理机构制定管理制度和有关规定

108．施工图预算是在（　　）阶段，确定工程造价的文件。
A．方案设计　　B．初步设计　　C．技术设计　　D．施工图设计

109．在施工图设计阶段影响项目造价的可能性为（　　）。
A．75%～95%　　B．35%～75%　　C．15%～50%　　D．5%～35%

110．施工图预算是计算（　　）的造价。
A．单项工程　　B．单位工程　　C．分项工程　　D．建设项目

111．施工图预算的编制方法主要是针对（　　）的编制方法而言，可以分为单价法和实物量法。
A．单项工程施工图预算　　B．建设项目施工图总预算
C．单位工程施工图预算　　D．分项工程施工图预算

112．编制工程施工图预算的主要依据是（　　）。
A．预算定额　　B．概算定额　　C．概算指标　　D．施工定额

113．在施工图预算的编制方法中，（　　）是目前施工图预算普遍采用的方法。
A．综合单价法　　B．实物量法　　C．工料单价法　　D．对比审查法

114．对分部、分项工程采用相应的定额单价、费用标准，进行施工图预算编制的方法称为（　　）。
A．单价法　　B．实物法　　C．概算法　　D．指标法

115．在施工图预算编制时，先计算单位工程分部、分项工程量，然后再乘以对应的定额基价，求出各分项工程直接工程费，再汇总成预算造价的这种方法称为（　　）。
A．综合单价法　　B．实物量法　　C．工料单价法　　D．清单计价法

116．在用单价法编制施工图预算过程中，单价是指（　　）。

A．预算定额单价 B．材料单价 C．人工单价 D．机械台班单价

117．先计算汇总单位工程直接工程费，再计算措施费、间接费、差价、利润和税金，最后汇总单位工程预算造价的施工图预算编制方法称为（　　）。

A．综合单价法 B．清单计价法 C．工料单价法 D．实物量法

118．我国建设工程施工招标标底的编制主要包括（　　）和工料单价法。

A．指标法 B．百分率法 C．综合单价法 D．内含法

119．与单价法相比，实物量法编制施工图预算的缺点是（　　）。

A．工料消耗清晰

B．人工、材料、机械价格不能体现市场价格

C．分项工程单价不直观

D．计算、统计的价格不准确

120．与单价法相比，不属于用实物量法编制施工图预算具有的特点是（　　）。

A．工料消耗比较清晰

B．分项工程单价不直观

C．计算、统计和价格采集工作量较小

D．其人工、材料、机械价格更能体现市场价格

121．与单价法相比，不属于用实物量法编制施工图预算具有的特点是（　　）。

A．工料消耗比较清晰

B．分项工程单价不直观

C．分项工程单价直观

D．其人工、材料、机械价格更能体现市场价格

122．采用工料单价法和综合单价法编制施工图预算，区别主要在于（　　）。

A．预算造价的构成不同 B．预算所起的作用不同

C．预算编制依据不同 D．单价包含的费用内容不同

123．采用单价法与实物法编制施工图预算的主要区别是（　　）。

A．定额相同，单价不同 B．定额相同，单价相同

C．定额不同，单价不同 D．定额不同，单价相同

124．采用（　　）编制施工图预算，所用的人工、材料和机械台班的单价都是当时当地的实际价格，编制出的预算能比较准确地反映实际水平。

A．单价法 B．实物法 C．成本法 D．综合单价法

125．用实物法编制施工图预算时（　　）。

A．套用预算定额单价 B．进行工料分析

C．计算各项费用 D．套用预算人工、材料、机械台班定额

126．用实物法编制施工图预算时，“计算其他各项费用汇总造价”之前的步骤是（　　）。

A．计算工程量

B．按实际情况汇总人工费、材料费和机械费

C．求出各分项人工、材料、机械消耗数量

D．套用预算人工、机械定额用量

127．编制施工图预算时，措施费应在（　　）时计算。

A．套单价　　B．计算主材费

C．按费用定额取费　　D．工料分析

128．在社会主义市场经济条件下，施工图预算的主要作用不包括（　　）。

A．是确定人工、材料、机械需要量的重要依据

B．根据施工图预算确定标底

C．是施工企业进行建设工程投标的重要依据

D．根据施工图预算拨付和结算工程造价

129．关于施工图预算下列说法不正确的是（　　）。

A．是施工单位编制施工计划的依据

B．审查和熟悉施工图纸是施工图预算的重要步骤

C．与施工组织设计无关

D．工程量计算必须按统一的计算规则进行

130．关于施工图预算，下列说法不正确的是（　　）。

A．施工图预算是签订建设工程合同和贷款合同的依据

B．施工图预算有单位工程预算、单项工程预算和建设项目总预算

C．施工图预算是设计阶段控制工程造价的重要环节，是控制施工图设计不突破设计概算的重要措施

D．施工图预算是施工图设计预算的简称，又称为设计预算

131．关于施工图预算，下列说法不正确的是（　　）。

A．施工图预算是编制建设项目投资计划、确定和控制建设项目投资的依据

B．施工图预算有单位工程预算、单项工程预算和建设项目总预算

C．施工图预算是设计阶段控制工程造价的重要环节，是控制施工图设计不突破设计概算的重要措施

D．施工图预算是施工图设计预算的简称，又称为设计预算

132．（　　）是施工企业以单位工程为对象所编制的人工、材料、机械台班耗用量及其费用汇总，即单位工程成本。

A．施工图预算　　B．完工结算　　C．投标报价　　D．施工预算

133．施工结束之后进行的计价称为（　　）。

A．概算　　B．预算　　C．结算　　D．决算

134．建设项目最终计算造价称为（　　）。

A．预算价　　B．结算价　　C．决算价　　D．工程价

135．建设项目实际造价是（　　）。
A．承包合同价　　B．竣工决算价　　C．总承包价　　D．竣工结算价

136．在下列造价中，最接近工程真实成本的是（　　）。
A．竣工结算　　B．投资估算　　C．设计概算　　D．施工图预算

137．施工企业进行施工管理“三算”不包括（　　）。
A．施工图预算　　B．施工预算　　C．竣工结算　　D．设计概算

138．施工企业进行施工管理“三算”不包括（　　）。
A．施工图预算　　B．施工预算　　C．竣工结算　　D．投资估算

139．对建设单位而言，建筑安装工程的“三算”不包括（　　）。
A．总概算　　B．设计概算　　C．施工图预算　　D．竣工决算

140．对建设单位而言，建筑安装工程的“三算”不包括（　　）。
A．设计概算　　B．施工图预算　　C．竣工结算　　D．竣工决算

141．下列对工程单价描述正确的是（　　）。
A．工程定额计价法下的分项工程单价与工程量清单计价法下的分项工程单价含义一样
B．工程量清单计价法下的分项工程单价是指工料单价
C．工程定额计价法下的分项工程单价是指工料单价
D．根据《关于印发〈建筑安装工程费用项目组成〉的通知》（建标〔2003〕206 的规定，综合单价也是分项工程的全费用单价，其内容包括直接工程费、间接费、利润和税金

142．下列对工程单价描述正确的是（　　）。
A．工程定额计价法下的分项工程单价与工程量清单计价法下的分项工程单价含义一样
B．工程量清单计价法下的分项工程单价是指工料单价
C．工程定额计价法下的分项工程单价是指工料单价
D．工程单价通常是指建筑安装工程费的预算定额基价和概算定额基价

143．建设项目工程造价在量上和（　　）相等。
A．固定资产投资与流动资产投资之和
B．工程费用与工程建设其他费用之和
C．固定资产投资与固定资产投资方向调节税之和
D．项目自筹建到全部建成并验收合格交付使用所需的费用之和

144．工程造价的第一种含义是从投资者或业主的角度定义的，按照该定义，工程造价是指（　　）。
A．建设项目总投资　　B．建设项目固定资产投资
C．建设工程其他投资　　D．建筑安装工程投资

145．工程造价的第二种含义是指为建设某项工程，预计或实际在土地市场、设备市场、技术劳务市场、承包市场等交易活动中，形成工程承发包价格。它是从（　　）角度定义的。

A．投资者　　B．业主　　C．承包商　　D．政府

146．工程造价两种含义的主要区别是（　　）。

A．第一种含义属于价格管理范畴；第二种含义属于投资管理范畴

B．第一种含义对于投资者是追求投资决策的正确性；第二种含义对于承包商是追求较高的工程造价

C. 第一种含义是作为市场供给主体，出售商品和劳务的价格总和；第二种含义是“购买”项目付出的价格

D．第一种含义通常认定为工程发包价格；第二种含义是工程投资费用

147．下列关于工程造价含义的描述，正确的是（　　）。

A．工程造价指建设一项工程预期开支或实际开支的全部固定资产投资费用

B．工程造价中的工程范围和内涵可以指一个建设项目，一个单项工程，但不能是整个建设过程中的某个阶段

C．通常将工程造价的第二种含义认为是建筑安装工程价格

D．工程造价对投资者与承包商来说，他们的管理目标总是一致的

148．在有关工程造价的概念中，下列说法不正确的是（　　）。

A．工程造价两种含义表明需求主体和供给主体追求的经济利益相同

B．工程造价在建设过程中是不确定的，直至竣工决算后才能确定工程的实际造价

C．实际工程造价职能的最主要条件是形成市场竞争机制

D．生产性项目总投资包括其总造价和流动资产投资两部分

149．在有关工程造价的概念中，下列说法错误的是（　　）。

A．工程造价两种含义表明需求主体和供给主体追求的经济利益相同

B．工程造价在建设过程中是不确定的，直至竣工决算后才能确定工程的实际造价

C．实际工程造价职能的最主要条件是形成市场竞争机制

D．建设项目各阶段依次形成的工程造价之间的关系是前者制约后者

150．从工程费用计算角度分析，工程造价计价的顺序是（　　）。

A．分部、分项工程单价→单位工程造价→单项工程造价→建设项目总造价

B．分部、分项工程单价→单位工程造价→单位工程造价→建设项目总造价

C．单项工程造价→分部、分项工程单价→单位工程造价→建设项目总造价

D．建设项目总造价→单项工程造价→单位工程造价→分部、分项工程单价

151．一个建设项目往往包含多项能够独立发挥生产能力和工程效益的单项工程，一个单项工程又由多个单位工程组成。这体现了工程造价（　　）的特点。

A．个别性　　B．差异性　　C．层次性　　D．动态性

152．工程计价的层次性不包括（　　）。

A．建设项目总造价　　B．土建工程及安装工程造价
C．单项工程造价　　D．单位工程造价

153．在项目建设的各个阶段，需分别编制投资估算、设计概算、施工图预算及竣工决算等，这体现了工程造价的（　　）计价特性。
A．复杂性　　B．多次性　　C．组合性　　D．多样性

154．建设工程周期长、规模大、造价高，不能一次确定可靠的价格，要在建设程序的各个阶段进行计价，以保证工程造价确定和控制的科学性，体现了工程造价的（　　）特点。
A．动态性　　B．层次性　　C．多次性　　D．单个性

155．工程造价多次性计价有各不相同的计价依据，对造价的精度要求也不相同，这就决定了计价方法具有（　　）。
A．组合性　　B．多样性　　C．多次性　　D．单件性

156．工程造价在整个建设期中处于不确定状态，直至竣工决算后才能最终确定工程的实际造价，这反映了工程造价的（　　）特点。
A．兼容性　　B．层次性　　C．动态性　　D．差异性

157．工程造价的特点是（　　）。
A．大额性、可调性、动态性和层次性　　B．多样性、单体性、动态性和层次性
C．多样性、可调性、单体性和动态性　　D．大额性、单体性、动态性和层次性

158．下列对于工程造价的特点描述错误的是（　　）。
A．大额性　　B．单个性　　C．静态性　　D．层次性

159．下列不属于工程造价计价特征的是（　　）。
A．单件性　　B．多样性　　C．多次性　　D．批量性

160．工程造价的（　　）特点首先表现在它具有两种含义；其次表现在工程造价构成因素的广泛性和复杂性。
A．个别性、差异性　　B．动态性
C．层次性　　D．兼容性

161．工程项目之间千差万别，在用途、结构、造型、坐落位置等方面都有很大的不同，这体现了工程造价（　　）的特点。
A．动态性　　B．单个性　　C．层次性　　D．兼容性

162．关于工程造价的特点，以下说法不正确的是（　　）。
A．工程造价的大额性使其对宏观经济产生重大影响
B．产品的差异性取决于工程造价的个别性差异
C．工程造价在整个建设期中处于不确定的状态，直到竣工决算后才能最终确定工程的实际造价

D．工程造价的兼容性首先表现在它具有两种含义；其次表现在工程造价构成因素的广泛性和复杂性

163．（　　）是控制工程造价最有效的手段。

A．采用先进技术　　B．招标竞价

C．实施工程造价全过程控制　　D．技术与经济相结合

164．工程造价咨询业的首要功能是（　　）。

A．服务功能　　B．引导功能　　C．联系功能　　D．审核功能

165．工程造价计价主要方法有（　　）。

A．定额单价法一种　　B．直接费单价法一种

C．直接费单价和综合单价法两种　　D．定额单价法和直接费单价法两种

166．工程造价计价依据就是用以计算工程造价的（　　）。

A．工程建设定额

B．基础资料的总称

C．有关工程造价的经济法规与政策

D．造价定额、费用定额以及有关工程造价的经济法规与政策

167．工程造价管理包括（　　）两个方面的内容。

A．科学确定和合理控制　　B．合理确定和正确控制

C．合理确定和有效控制　　D．有效确定和合理控制

168．我国工程造价管理体制改革的最终目标是（　　）。

A．加强政府对工程造价的管理　　B．企业自主报价，国家定额只作参考

C．实行工程量清单计价　　D．建立以市场形成价格为主的价格机制

169．我国工程造价管理体制改革的最终目标是（　　）。

A．取消统一定额

B．量价完全放开

C．建立以市场形成价格为主的价格机制

D．由指令性价格转变为指导性价格

170．充分发挥工程价格作用的主要障碍是（　　）。

A．工程造价信息的封闭　　B．投资主体责任制尚未完全形成

C．传统的观念和旧的体制束缚　　D．工程造价与流通领域的价格联系被割断

171．关于《建设工程工程量清单计价规范》（GB 50500—2008）的规则，正确的说法是（　　）。

A．单位工程计算通常按计价规范清单列项顺序进行

B．工程量计量单位可以采用扩大的物理计量单位

C．工程量应包括加工余量和合理损耗量

D．工程量计算对象是施工过程的全部项目

172.《建设工程工程量清单计价规范》（GB 50500—2003）经建设部 119 号令批准成为国家标准，于（　　）起正式在全国统一贯彻实施。

A．2004 年 10 月 1 日　　B．2003 年 7 月 1 日

C．2003 年 5 月 1 日　　D．2003 年 10 月 1 日

173.《建设工程工程量清单计价规范》（GB 50500—2008）的性质属于（　　）。

A．国家标准　　B．行业标准　　C．地方标准　　D．推荐性标准

174.《建设工程工程量清单计价规范》（GB 50500—2008）的特点不包括以下哪个方面（　　）

A．强制性　　B．竞争性　　C．合理性　　D．通用性

175. 必须采用工程量清单计价的工程建设项目是（　　）。

A．非国有资金投资的工程建设项目　　B．全部使用国有资金投资的工程建设项目

C．国有资金投资为辅的工程建设项目　　D．以上都不是

176. 清单计价时工程总造价中不含（　　）。

A．分部、分项工程费　　B．价差

C．措施项目费　　D．税金

177. 计算工程造价的首要工作是（　　）。

A．计算工程量　　B．列项目　　C．套定额　　D．取费

178. 工程量清单及计价式中的任何内容（　　）。

A．可以删除　　B．可以补充或删除

C．经招标办同意可适当删除　　D．不得随意删除或涂改

179.（　　）应按招标文件的要求，附工程量清单综合单价分析表。

A．承包人　　B．投标人　　C．招标人　　D．发包人

180. 封面应按规定的内容填写、签字、盖章，除承包人自行编制的投标报价和竣工结算外，受委托编制的招标控制价、投标报价、竣工结算若为造价员编制的，应有负责审核的（　　）签字、盖章以及工程造价咨询人盖章。

A．投标人　　B．承包人　　C．造价工程师　　D．发包人

181. 工程量清单的编制中，封面应该按规定的内容填写、签字和盖章。对于造价员编制的工程量清单应对其审核并签字、盖章的是（　　）。

A．招标人　　B．造价工程师　　C．监理工程师　　D．法定代表人

182.（　　）应按照合同约定支付工程预付款。支付的工程预付款，按照合同约定在工程进度款中抵扣。

A．承包人　　B．发包人　　C．合同编制人　　D．以上都不对

183.（　　）是取得《造价工程师注册证书》，在一个单位注册从事建设工程造价活动的专业人员。

A．造价工程师　　B．造价员　　C．监理工程师　　D．招标人

184. （　　）是取得工程造价咨询资质等级证书，接受委托从事建设工程造价咨询活动的企业。

A．造价工程师　　B．造价员
C．工程造价咨询人　　D．招标人

185. 招标控制价的编制人可能是（　　）。

A．招标人　　B．工程造价管理部门
C．自然人　　D．投标人

186. 招标控制价的编制人可能是（　　）。

A．自然人　　B．工程造价管理部门
C．工程造价咨询人　　D．投标人

187. 根据《建设工程工程量清单计价规范》（GB 50500—2008）规定，编制工程招标控制价应按（　　）制定的计价办法进行编制。

A．当地工程造价管理部门　　B．当地省级建设行政主管部门
C．当地建设行政主管部门　　D．国家建设部统一

188. 招标控制价是在工程采用招标发包的过程中，由招标人根据有关计价规定计算的工程造价，其作用是招标人用于对招标工程发包进行最高限价，也称为（　　）。

A．拦标价　　B．评标价　　C．合同价　　D．标底

189. （　　）是招标人根据国家或省级、行业建设主管部门颁发的有关计价依据和办法，按设计施工图纸计算的，对招标工程限定的最高工程造价。

A．招标控制价　　B．投标价　　C．标底　　D．合计价

190. （　　）是发包、承包双方依据国家有关法律、法规和标准规定，按照合同约定确定的最终工程造价。

A．招标控制价　　B．投标价　　C．竣工结算价　　D．合计价

191. 下列说法中，符合标底价格编制原则的是（　　）。

A．标底价格应由成本、税金组成，不包括利润部分
B．一个工程可根据投标企业的不同，由编制单位自主选择编制方法
C．标底的计价依据可由编制单位自主选择
D．标底价格作为招标单位的期望计划价，应力求与市场的实际变化相吻合

192. 不属于建设工程招标标底价格的编制依据是（　　）。

A．招标文件的商务条款
B．施工方案或施工组织设计
C．施工现场地址、水文、地上情况等资料
D．企业定额、类似工程的成本核算资料

193. 在建设工程标底的编制过程中，不需要考虑的因素是（　　）。

A．工程项目的目标工期　　B．工程项目的质量标准

C．建设单位的经济实力　　D．建筑材料的市场价格

194．按照工程量清单报价的方法编制标底时，可以增列项目的是（　　）。
A．分部、分项工程量清单计价　　B．措施项目清单的计价
C．其他项目清单计价　　D．规费与税金的计价

195．（　　）、招标控制价、投标报价、工程价款结算等工程造价文件的编制与核对应由具有资格的工程造价专业人员承担。
A．工程量清单　B．设计文件　C．施工日志　D．合同

196．建设工程实施工程量清单计价模式的意义之一在于（　　）。
A．在业主和承包商之间对其承担的风险进行了明确的划分
B．有利于承包商以施工图预算为基础进行报价
C．可以适当缩短设计周期并提高设计质量
D．有利于业主清楚地掌握工程承发包价格的构

197．《建设工程工程量清单计价规范》（GB 50500—2008）中规定，对使用工程量清单计价的工程，宜采用的合同类型是（　　）。
A．总价合同　　B．固定总价合同
C．单价合同　　D．成本加酬金合同

198．在招投标阶段运用工程量清单计价办法确定的合同价格需要在施工过程中得到实施和控制，工程量清单计价制度要求采用（　　）的合同计价方式。
A．单价合同　　B．总价合同
C．成本加酬金合同　　D．可调价格合同

199．在我国目前的情况下，工程量清单计价作为一种市场定价模式，主要在工程项目的（　　）过程中使用。
A．招标投标　B．可行性研究　C．扩大初步设计　D．竣工决算

200．招标投标实行（　　）计价，是指招标人公开提供工程量清单，投标自主报价或招标人编制标底及双方签合同价款、工程施工结算等活动。
A．工程量清单　B．定额　C．指标　D．协商

201．下列关于工程量清单计价法表述有误的是（　　）。
A．工程量清单项目套价的结果是计算该清单项目的直接工程费
B．工程量按照国家标准《建设工程工程量清单计价规定》（GB 50500—2008）规定的工程量计量规则计算
C．分部、分项工程费考虑风险因素
D．措施项目综合单价的构成和分部、分项工程项目的综合单价构成类似

202．下列关于工程量清单计价办法的说法不正确的是（　　）。
A．此方法是一种市场定价模式

B．此方法常称为工程量清单招标

C．此方法包括编制招标标底、投标报价、合同价款的确定与调整和办理工程结算

D．此方法包括工程量清单格式编制，利用工程量清单编制报价和评标定标

203．下面不属于工程量清单计价方法对我国工程造价管理的推进作用是（　　）。

A 有利于将工程的“质”与“量”紧密结合

B．有利于业主获得最合理的工程造价

C．符合建立以“市场形成价格为主的价格机制”

D．符合强化定额的法定作用

204．采用工程量清单计价方式，业主对设计变更而导致的工程造价的变化一目了然，业主可以根据投资情况来决定是否进行设计变更。这反映了工程量清单计价方法（　　）的特点。

A．满足竞争需要　　B．有利于实现风险合理分担

C．有利于标底管理和控制　　D．有利于业主对投资的控制

205．工程量清单计价费用中的分部、分项工程费包括（　　）。

A．人工费、材料费、机械使用费

B．人工费、材料费、机械使用费、管理费

C．人工费、材料费、机械使用费、管理费和利润

D．人工费、材料费、机械使用费、管理费、利润以及风险费

206．清单计价法的分部、分项工程费不包括（　　）。

A．人工费　　B．材料费　　C．机械费　　D．措施项目费

207．在随招标文件下发的分部、分项工程量清单中，下列（　　）不是由招标单位填写。

A．项目编码　　B．项目名称　　C．计量单位　　D．单价

208．在工程量清单计价模式下，不是由招标人提供的是（　　）。

A．项目编码　　B．项目名称　　C．工程量　　D．综合单价

209．分部、分项工程量清单项目的工程量应以实体工程量为准，对于施工中的各种损耗需要增加的工程量，投标人投标报价时，在（　　）中考虑。

A．措施项目　　B．其他项目清单

C．该清单项目的综合单价　　D．预留金

210．在工程量清单计价过程中，起核心作用的是（　　）。

A．工程量清单项目设置规则　　B．综合单价构成

C．统一的工程量计算规则　　D．工程造价信息

211．下列论述说法正确的是（　　）。

A．采用工程量清单计价模式的建设工程既可用综合单价法计价，也可用工料单价法计价。

B. 全部使用国有资金投资或国有资金投资为主的建设工程项目必须实行工程量清单计价。

C. 工程量清单项目基本以一个综合实体考虑，一般一个项目包括多项工程内容。

D. 工程量清单计价模式中的工程量计算规则在《建设工程工程量清单计价规范》(GB 50500—2008）的指导下，由省（自治区、直辖市）自行制定，在本地区域内统一。

212. 关于工程量清单计价的规定，以下说法不正确的是（　　）。

A. 编制标底和报价时，其计价的依据不同

B. 工程量清单计价时，所用到的单价均为综合单价

C. 投标报价时，投标人对业主提供的措施项目清单可根据情况选择性报价

D. 投标报价不得低于社会平均成本

213. 工程量清单计价计款的构成是什么？（　　）

A. 由分部、分项工程费、措施项目费、其他项目费、规费、税金和不可预见费构成

B. 由分部、分项工程费、措施项目费、其他项目费、规费、税金、定额测定费、社会保险金构成

C. 由分部、分项工程费、措施项目费、其他项目费、规费、税金构成

D. 由分部、分项工程费、措施项目费、其他项目费、规费、开办费和税金构成

214. 工程量清单计价通常不包括（　　）。

A. 分部、分项工程量清单项目费　　B. 措施项目清单费

C. 项目开办费　　D. 其他项目清单费

215. 工程量清单计价应包括按招标文件规定完成工程量清单所需的全部费用，通常不包括（　　）。

A. 实体项目费用　　B. 非实体项目费用

C. 开办费用　　D. 其他费用

216. 工程量清单计价应包括按招标文件确定，完成工程量清单所列项目的全部费用，不包括（　　）。

A. 分部、分项工程费　　B. 规费、税金

C. 业主临时设施费　　D. 措施项目费

217. 采用工程量清单计价，综合单价中管理费的计取的基数是（　　）。

A. 分部、分项工程费

B. 人工费

C. 人工费＋机械费

D. 分部、分项工程费＋措施项目费＋其他项目费

218. 采用工程量清单报价，下列计算公式不正确的是（　　）。

A. 分部、分项工程费＝Σ分部、分项工程量×分部、分项工程项目基本单价

B. 措施项目费＝Σ措施项目工程量×措施项目综合单价

C. 单项工程报价＝Σ单位工程报价

D. 建设项目总报价＝Σ单项工程报价

219. 工程量清单计价的基本公式正确的为（ ）。

A. 分部、分项工程费＝Σ分部、分项工程量×相应分部、分项综合单价

B. 其他项目费＝暂估价＋计日工＋总承包服务费

C. 单位工程报价＝分部、分项工程费＋措施项目费＋其他项目费＋规费

D. 建设项目总报价＝Σ单位工程报价

220. 采用工程量清单报价，下列计算公式不正确的是（ ）。

A. 技术措施项目费＝Σ技术措施项目工程量×措施项目综合单价

B. 单位工程报价＝Σ分部、分项工程费

C. 单项工程报价＝Σ单位工程报价

D. 建设项目总报价＝Σ单项工程报价

221. 下列工程量清单计价方法中，关于费用计算的公式不正确的一项是（ ）。

A. 分部、分项工程费＝Σ分部、分项工程量×分部、分项工程项目综合单价

B. 措施项目费＝Σ措施项目工程量×措施项目综合单价

C. 单位工程造价＝Σ单项工程造价＋措施项目费＋利润

D. 单位工程造价＝分部、分项工程费＋措施项目费＋其他项目费＋规费＋税金

222. 编制分部、分项工程单价可以不需要（ ）。

A. 预算定额　　B. 概算定额　　C. 概算指标　　D. 人工单价

223.《建设工程工程量清单计价规范》（GB 50500—2008）规范中投标报价应根据招标文件中计价要求，一般不会按照下列（ ）自主报价。

A. 企业定额　　B. 国家或省级颁发的计价定额

C. 行业建设主管部门颁发的计价定额　　D. 概算定额

224. 工程量清单计价格式中列明的所有需要填报的（ ）和合价，投标人均应填报。

A. 总价　　B. 单价　　C. 合同价　　D. 投标价

225. 在工程招投标阶段，下列哪些内容是由投标人填入到分部、分项工程量清单中？（ ）

A. 项目编号　　B. 项目名称　　C. 定额编号　　D. 单价

226. 工程量清单与计价表中列明的所有需要填写的单价和合价，（ ）均应填写，未填写的单价和合价，视为此项费用已包含在工程量清单的其他单价和合价中。

A. 投标人　　B. 承包人　　C. 招标人　　D. 发包人

227. 工程量清单与计价表中列明的所有需要填写的单价和合价，投标人均应填写，未填写的单价和合价，叙述正确的是（ ）。

A. 按实际结算

B. 视为此项费用已包含在工程量清单的其他单价和合价中

C．作为漏项处理

D．协商处理

228．投标单位在投标报价中，应按招标单位提供的工程量清单填报所有项目的单价和合价，在开标后发现投标单位有未填写单价和合价的项目，则（　　）。

A．允许投标单位补充填写

B．视为废标

C．认为此项费用已包括在工程量清单中的其他单价和合价中

D．由招标人退回投标书

229．投标人应填报工程量清单计价格式中列明的所有需要填报的单价和合价，如未填报，以下说法中正确的是（　　）。

A．招标人应要求投标人及时补充

B．招标人可认为此项费用已包含在工程量的清单的其他单价和合价中

C．投标人应该在开标之前补充

D．投标人可以在中标后提出索赔

230．工程量清单是招标单位按国家颁布的统一工程项目划分、统一计量单位和统一的工程量计算规则，根据施工图纸计算工程量，提供给投标单位作为投标报价的基础。结算拨付工程款时以（　　）为依据。

A．工程量清单　　B．实际工程量

C．承包方报送的工程量　　D．合同中的工程量

231．分部、分项工程量清单综合单价分析表中，主要根据清单项目的（　　）进行分析。

A．项目特征　　B．项目编码　　C．工程内容　　D．计量单位

232．对分部、分项工程量清单综合单价进行分析时，主要的分析对象是（　　）。

A．工程数量　　B．项目名称　　C．计量单位　　D．工程内容

233．按《建设工程工程量清单计价规范》(GB 50500—2008）规范分部、分项工程量清单项目中确定一个工程量清单的项目综合单价不可缺少的重要依据是（　　）。

A．项目特征　　B．序号　　C．项目编码　　D．施工方法

234．在工程量清单计价中，分部、分项工程量清单项目特征不需要描述的是（　　）。

A．涉及结构要求的　　B．涉及当地材料价格的

C．涉及材质要求的　　D．涉及施工难易程度的

235．计价工程量计算除依据定额计算规则外，尚应依据以下文件（　　）。

A．经审定的施工组织设计　　B．经审定的其他有关技术经济文件

C．经审定的预算表　　D．经审定的施工设计说明

236．不属于投标报价编制依据的是（　　）。

A．拟定的投标施工组织设计　　B．其他的相关资料

C．建设工程设计文件资料　　D．经审定的预算表

237．采用工程量清单计价时，要求投标报价根据（　　）。

A．业主提供的工程量，按照现行概算扩大指标编制得出

B．业主提供的工程量，结合企业自身所掌握的各种信息，资料及企业定额编制得出

C．承包商自行计算工程量参照现行预算定额规定编制得出

D．承包商自行计算工程量，结合企业自身所掌握的各种信息，资料及企业定额编制得出

238．在工程量清单计价模式中，投标人编制投标报价主要依据不包括（　　）。

A．工程量清单　　B．工程造价各种信息、资料

C．企业定额　　D．国家、地区或行业的定额及相关规定

239．措施项目综合单价的构成和分部、分项工程项目的综合单价的构成类似。（　　）

A．对　　B．错

240．关于分部、分项工程量清单项目综合单价的确定，以下说法有误的是（　　）。

A．发包人提供的工程量清单项目漏项，合同在有类似清单项目综合单项的，可参照合同中类似项目的综合单价确定

B．设计变更引起新的工程项目，合同中没有类似清单项目单价的，可由承包人根据企业定额提出适当的综合单价，经发包人审定后执行

C．清单项目中项目特征发生变化，应以原综合单价为基础，仅就变更部分相应定额子目调整综合单价

D．发包人提供的工程数量有误，执行原有综合单价

241．按工程量清单计价方式，下列构成投标报价的各项费用中，应该在单位工程费汇总表中列项的是（　　）。

A．直接工程费　　B．管理费　　C．利润　　D．税金

242．工程量清单计价格式的单位工程费汇总表中不包括（　　）。

A．措施项目费合计　　B．规费

C．工程建设其他费合计　　D．税金

243．某分项工程发包方提供的估计工程量为 1500m^3，合同中规定单价 16 元/m^3，实际工程量超过估计工程量 10%时，调整单价，单价调为 15 元/m^3，实际完成工程量 1800m^3，工程款为（　　）元。

A．28650　　B．27000　　C．28800　　D．28500

244．某分项工程发包方提供的估计工程量为 1500m^3，合同中规定单价 16 元/m^3，实际工程量超过估计工程量 10%时，调整单价，单价调为 15 元/m^3，实际完成工程量 1800m^3，工程款为（　　）元。

A．28650　　B．27000　　C．28800　　D．28500

245．某基坑土方开挖工程，清单量为 100m^3，投标时由于考虑放坡，计算工程量为 300m^3，投标综合单价为 10 元/m^3，则该项报价应为（　　）元。

A．1000　　B．2000　　C．3000　　D．4000

246．工程量清单中的工程量乘以综合单价得到的是（　　）费用。
A．工程项目　　B．单项工程　　C．单位工程　　D．分部、分项工程

247．实行工程量清单计价招标投标的建设工程，下列（　　）费用不需要按《建设工程工程量清单计价规范》（GB 50500—2008）执行。
A．招标标底　　B．投标报价的编制
C．监理费用　　D．工程结算

248．工程量清单计价方法与定额计价方法相比，最大的差别在于（　　）。
A．计价依据及其性质不同
B．编制工程量的主体不同
C．体现了我国建设市场发展过程中的不同定价阶段
D．评标采用的方法不同

249．下列不属于工程量清单计价模式与定额计价模式区别的是（　　）。
A．适用范围不同　　B．采用的消耗量不同
C．项目划分不同　　D．工程量计算规则不同

250．不属于工程量清单计价模式与定额计价模式区别的是（　　）。
A．采用的材料用量不同　　B．采用的计价方法不同
C．项目划分不同　　D．工程量计算规则不同

251．不属于定额计价方法与工程量清单计价方法的主要区别的是（　　）。
A．计价依据不同　　B．单价与报价组成不同
C．编制工程量的主体不同　　D．对招投标代理机构的要求不同

252．不属于定额计价方法与工程量清单计价方法的主要区别的是（　　）。
A．计价依据不同　　B．单价与报价组成不同
C．编制工程量的主体不同　　D．对招标程序要求不同

253．工程量清单计价方法与定额计价方法的区别不包括（　　）。
A．编制工程量主体不同
B．单价与报价的构成不同
C．合同价格的调整方法不同
D．工程量清单计价把施工实体性消耗纳入了竞争的范畴

254．关于工程量清单计价模式和定额计价模式的区别和联系，以下说法错误的是（　　）。
A．全部使用国有资金投资或国有资金投资为主的大中型建设工程项目必须实行工程量清单计价。
B．工程量清单计价模式应用于招标投标的建设工程
C．定额计价模式只可用于非招标投标的建设工程
D．工程量清单项目，基本以一个“综合实体”考虑

255．措施项目费是指（　　）以外，为完成该工程项目施工必须采取的措施所需的费用。

A．机械使用费　　B．工程量清单分项工程费

C．材料费　　D．利润

256．措施项目清单为可调整清单，投标人在进行措施项目计价时（　　）。

A．不得对措施项目清单做任何调整

B．对措施项目清单的调整可以在中标之后进行

C．可以根据施工组织设计采取的措施增加项目

D．可以采用索赔的方式要求对新增措施项目予以补偿

257．编制投标措施项目费的原则不包括（　　）。

A．投标人要根据施工方案结合企业自身实力编制

B．投标人要根据施工方案结合企业技术专长自行计算报价

C．措施费用结算时需要调整的，必须在招标文件或合同中明确

D．措施项目费，投标人可以不报价作为优惠

258．清单计价一经报出，即被认为是包括了所有应该发生的措施项目的（　　）费用。

A．大部分　　B．主要　　C．全部　　D．一小部分

259．按《建设工程工程量清单计价规范》（GB 50500—2008）规范安全文明施工费应按（　　）规定计价。

A．投标人　　B．招标人

C．国家或省级、行业建设主管部门的　　D．承包人

260．措施项目清单中的安全文明施工费应按照国家或省级、行业建设主管部门的规定计价，（　　）。

A．是可调整费用　　B．不得作为竞争性费用

C．可作为竞争性费用　　D．以上都不对

261．安全文明施工费应计列于（　　）之中。

A．分部、分项工程量清单计价表　　B．措施项目清单与计价表

C．其他项目清单与计价汇总表　　D．规费、税金项目清单与计价表

262．有关措施项目清单与计价表的编制规定，错误的是（　　）。

A．投标人可根据工程实际情况结合施工组织设计，自主确定措施项目费

B．措施项目清单计价应根据拟建工程的施工组织设计

C．措施项目清单中的安全文明施工费，可作为竞争性费用

D．可以计算工程量的措施项目，宜采用分部、分项工程量清单的方式编制

263．在《建设工程工程量清单计价规范》（GB 50500—2008）中，其他项目清单一般包括（　　）。

A．暂列金额、分保费、材料费、机械使用费

B．暂列金额、暂估价、总承包服务费、计日工

C．计日工、暂估价、暂列金额、风险费

D．暂列金额、总承包费、分包费、暂估价

264．根据《建设工程工程量清单计价规范》（GB 50500—2008）规定，其他项目清单的招标人部分包括（　　）。

A．暂列金额和暂估价　　B．暂列金额和总承包服务费

C．总承包服务费和计日工　　D．暂估价和零星工作项目费

265．下列内容中属于其他项目清单中投标人部分的是（　　）。

A．计日工　　B．暂列金额　　C．暂估价　　D．环境保护费

266．在工程量清单的其他项目清单中，应包括（　　）。

A．环境保护费　　B．夜间施工费

C．施工排水、降水费　　D．暂估价

267．建设工程工程量清单中的其他项目清单不包括（　　）。

A．预留金　　B．总承包服务费　　C．材料购置费　　D．规费

268．《建设工程工程量清单计价规范》（GB 50500—2008）中其他项目清单项目不包括（　　）。

A．总承包服务费　　B．计日工　　C．暂估价　　D．分包服务费

269．其他项目清单分为（　　）两部分。

A．招标人和投标人　　B．投标人和材料供应商

C．招标人和材料供应商　　D．总承包和分包

270．招标人提供的计日工表不包括（　　）。

A．项目名称　　B．人工、材料、机械名称

C．计量单位　　D．相应数量

271．招标人提供了有暂估单价的材料，应按（　　）计入综合单价。

A．投标人选择的价格　　B．市场价

C．暂定的单价　　D．基价

272．其他项目清单中招标人部分的金额可按照（　　）确定。

A．估算金额　　B．施工图预算　　C．合同价格　　D．实际发生费用

273．在工程量清单的其他项目清单计价中，招标人部分的金额应（　　）。

A．由投标人报总价

B．由投标人报单价，与招标人提供的工程量相乘后得总价

C．由投标人与招标人商议后填写

D．由投标人按招标人提出的数额填写

274．工程竣工后零星项目工作费应按照（　　）进行结算。

A．零星工作项目表中的工程量所需费用
B．实际完成的工程量所需费用
C．零星工作项目计价表中的费用
D．实际支出的费用

275．材料暂估价、暂列金额、总承包服务费、计日工用均为估算、预测数量，竣工结算时，应（　　）。
A．按估算结算　　B．按预算工程量结算
C．按工程量清单工程量结算　　D．按承包人实际完成的工作内容结算

276．其他项目清单中，无须由招标人根据拟建工程实际情况提出估算额度的费用项目是（　　）。
A．暂列金额　　B．材料暂估价
C．专业工程暂估价　　D．计日工费用

277．《建设工程工程量清单计价规范》（GB 50500—2008）中“计日工”完成计日作业所需的人工、材料、施工机械台班等，其单价由（　　）确定。
A．投标人　　B．招标人　　C．评标人　　D．承包人

278．完成招标人提出的不能以实物计量的零星工作项目所需的费用应列入（　　）。
A．分部、分项工程清单　　B．措施项目清单
C．其他项目清单中的招标人部分　　D．其他项目清单中的投标人部分

279．为配合协调招标人进行的工程分包和材料采购所需的费用应列入（　　）。
A．分部、分项工程清单　　B．措施项目清单
C．其他项目清单中的投标人部分　　D．其他项目清单中的招标人部分

280．其他项目清单中招标人部分的暂列金额主要用于（　　）。
A．暂定金额　　B．零星工作　　C．工程变更　　D．工程索赔

281．《建设工程工程量清单计价规范》（GB 50500—2008）规定，对清单工程量以外的可能发生的工程量变更应在（　　）费用中考虑。
A．分部、分项工程费　　B．计日工
C．暂列金额　　D．措施项目费

282．招标时用于合同约定调整因素出现时的工程材料价款调整的费用应计入（　　）中。
A．分部、分项综合单价　　B．暂列金额
C．材料暂估价　　D．总承包服务费

283．下列对其他项目清单理解正确的是（　　）。
A．暂列金额是因不可避免的价格调整而设立，以便达到合理确定和有效控制工程造价的目的
B．暂列金额是能保证合同结算价格不会出现超过合同价格的情况

C．暂估价是招标人在投标文件中用于支付必然要发生，暂时能确定价格的材料以及专业工程的金额

D．专业工程暂估价一般不是综合股价，不包括规费和税金以外的管理费和利润等取费

284．下列有关暂列金额的表述，不正确的是（　　）。

A．用于施工合同签订时尚未确定或者不可预见的所需材料、设备、服务的采购

B．用于施工中可能发生的工程变更、合同约定调整因素出现时的工程价款调整

C．用于发生的索赔、现场签证确认等的费用

D．用于支付必然发生但暂时不能确定价格的材料的单价

285．（　　）是招标人为可能发生的工程量变更而预留的金额。

A．材料购置费　　B．预留金

C．总承包服务费　　D．零星工作项目费用

286．（　　）是由清单编制人根据业主意图和拟建工程的实际情况来计算的。

A．预留金　　B．材料购置费

C．总承包服务费　　D．零星工作项目费用

287．（　　）是招标人自行采购材料的那部分费用。

A．材料购置费　　B．预留金

C．总承包服务费　　D．零星工作项目费用

288．（　　）是招标人在工程量清单中提供的用于支付必然发生但暂时不能确定价格的材料的单价以及专业工程的金额。

A．暂列金额　　B．暂估价　　C．计日工　　D．合计价

289．在标底编制方法之其他项目清单组价中，（　　）应按照业主自行采购的材料品种、规格、数量按照工程所在地的材料信息价格计算或通过市场调查询价计算。

A．计日工　　B．总承包服务费

C．暂列金额　　D．暂估价

290．招标人指定分包，并在招标文件中列出的 50 万元的暂列金额，该 50 万元的暂列金额应体现在工程量清单中（　　）部分。

A．分部、分项工程量清单　　B．措施项目清单

C．利润项目清单　　D．其他项目清单

291．下列关于其他项目清单的说法中，不正确的是（　　）。

A．标底编制人可以随意改动其他项目清单中的招标人部分

B．投标人不得随意改动其他项目清单中的招标人部分

C．投标人不得随意更改其中招标人填写的零星工作项目与数量

D．投标人对其中的零星工作项目必须进行报价

292．承包服务费的内容不包括（　　）。

A．协调工程进度的费用　　B．各专业交叉作业的协调费
C．施工场地保险费　　D．配合招标材料采购的费用

293．承包服务费的内容不包括（　　）。
A．协调工程进度的费用　　B．各专业交叉作业的协调费
C．配合招标材料采购的费用　　D．大型设备转移的费用

294．在分部、分项工程量清单计价表中，对于招标人自行采购材料的价款，正确的处理方式为（　　）。
A．分部、分项工程量清单的综合单价包括招标人自行采购材料的价款
B．分部、分项工程量清单的综合单价不包括招标人自行采购材料的价款，但应考虑对管理费、利润的影响
C．分部、分项工程量清单的综合单价不包括招标人自行采购材料的价款，但应考虑对管理费、利润、税金的影响
D．分部、分项工程量清单的综合单价不包括招标人自行采购材料的价款，也不考虑对管理费、利润的影响

295．下列项目费用（　　）不属于其他项目清单中的内容。
A．预留金　　B．材料购置费
C．赶工措施费　　D．总承包服务费

296．（　　）是为配合协调招标人进行的工程分包和材料采购所需的费用。
A．材料购置费　　B．预留金
C．总承包服务费　　D．零星工作项目费用

297．（　　）总承包人为配合协调发包人进行的工程分包自行采购的设备、材料等进行管理、服务以及施工现场管理、竣工资料汇总整理等服务所需的费用。
A．暂估价　　B．计日工
C．总承包服务费　　D．合计价

298．《建设工程工程量清单计价规范》（GB 50500—2008）规范中规费项目清单包括（　　）。
A．危险作业意外伤害保险　　B．文明施工费
C．安全施工费　　D．环境保护

299．根据建设部、财政部《关于印发〈建筑安装工程费用项目组成〉的通知》（建标〔2003〕206号）的规定，目前我国税法规定应计入工程造价内的税种不包括（　　）。
A．营业税　　B．印花税
C．教育费附加　　D．城市建设维护税

300．按照《建设工程工程量清单计价规范》（GB 50500—2008）的规定，工程建设风险因素所需费用在（　　）中考虑。
A．分部、分项工程费用所需费用　　B．措施项目费用所需费用
C．其他项目费用　　D．规费

301．按照《建设工程工程量清单计价规范》（GB 50500—2008），工程量清单计价应采用（　　）。

A．供料单价法　　B．综合单价法　　C．扩大单价法　　D．预算单价法

302．我国现行的《建设工程工程量清单计价规范》（GB 50500—2008）中所采用的单价是（　　）。

A．综合单价　　B．指数单价　　C．工料单价　　D．不限制

303．在我国目前工程量清单计价过程中，分部、分项工程的综合单价由（　　）组成。

A．人工费、材料费、机械费

B．人工费、材料费、机械费、管理费

C．人工费、材料费、机械费、管理费、利润并考虑风险费用

D．人工费、材料费、机械费、管理费、利润、规费和税金

304．根据《建设工程工程量清单计价规范》（GB 50500—2008）规定，在工程量清单计价中，措施项目费的综合单价已考虑了风险因素并包括（　　）。

A．人工费、材料费、机械使用费

B．人工费、材料费、机械使用费、管理费

C．人工费、材料费、机械使用费、管理费和利润

D．人工费、材料费、机械使用费、规费、管理费、利润和税金

305．综合单价是指完成工程量清单中一个规定计量单位项目所需的人工费、材料费、机械使用费、（　　）并考虑风险因素。

A．措施项目费和企业管理费　　B．企业管理费和利润

C．利润和预留金　　D．规费和预留金

306．（　　）是指完成一个规定计量单位的分部、分项工程量清单项目或措施清单项目所需的人工费、材料费、施工机械使用费和企业管理费与利润，以及一定范围内的风险费用。

A．定额单价　　B．工料单价　　C．综合单价　　D．合计价

307．综合单价是指完成工程量清单中一个规定计量单位项目所需的（　　）、材料费、机械使用费、管理费和利润，并考虑风险因素。

A．管理费　　B．人工费　　C．保险费　　D．税金

308．目前在我国工程量清单计价过程中，分部、分项工程单价有（　　）。

A．人工费、材料费、机械费

B．人工费、材料费、机械费、管理费

C．人工费、材料费、机械费、管理费、利润

D．人工费、材料费、机械费、管理费、利润、规费和税金

309．下列不是综合单价组成部分的是（　　）。

A．人工费　　B．材料费、机械使用费

C．管理费　　D．规费

310．综合单价不包括（　　）。

A．人工费　　B．材料费　　C．规费　　D．管理费

311．工程量清单计价中，分部、分项工程的综合单价不包括（　　）等费用。

A．人工费、材料费、机械使用费　　B．管理费

C．临时设施费　　D．利润

312．采用工程量清单计价方式时，综合单价不包括（　　）。

A．人工费＋材料费＋机械费　　B．管理费

C．利润　　D．措施费

313．根据《建设工程工程量清单计价规范》（GB 50500—2008）的规定，综合单价不包括（　　）。

A．人工费　　B．材料费　　C．机械使用费　　D．间接费

314．采用工程量清单计价方式时，综合单价不包括（　　）。

A．人工费＋材料费＋机械费　　B．管理费

C．利润　　D．规费

315．按照我国目前的规定，在工程量清单计价过程中，分部、分项工程单价不包括（　　）。

A．利润　　B．风险因素　　C．规费　　D．管理费

316．按照我国规定，在工程量清单计价过程中，分部、分项工程单价不包括（　　）。

A．风险因素　　B．税金　　C．利润　　D．管理费

317．按照工程量清单计价规定，分部、分项工程量清单应采用综合单价计价，该综合单价中没有包括的费用是（　　）。

A．措施费　　B．管理费　　C．利润　　D．风险费用

318．因分部、分项工程量清单漏项或非承包人原因的工程变更，造成增加新的工程量清单项目，其对应的综合单价确定方法错误的是（　　）。

A．合同中已有适用的综合单价，按合同中已有的综合单价确定

B．合同中有类似的综合单价，由承包人提出综合单价，经发包人确认后执行

C．合同中有类似的综合单价，参照类似的综合单价确定

D．合同中没有适用或类似的综合单价，由承包人提出综合单价，经发包人确认后执行

319．因非承包人原因引起的工程量增减，下列说法正确的是（　　）。

A．该项工程量变化在合同约定幅度以内的，应执行原有的综合单价

B．该项工程量变化在合同约定幅度以外的，其综合单价及措施项目费不予以调整

C．该项工程量变化在合同约定幅度以内的，需重新确定其综合单价

D．以上都不对

320．对于工程量清单的工程数量有误引起的工程量增加，其费用（　　）。

A．属合同约定幅度以内的，应执行调整后的综合单价
B．属合同约定幅度以内的，应执行原有的综合单价
C．由承包人提出，经发包人确认后，作为结算的依据
D．视为承包人的风险

321．合同中综合单价因工程量变更，除合同另有约定外，执行原有综合单价的是（　　）。
A．工程量清单漏项引起的新的工程量清单项目
B．由于设计变更引起新的工程量清单项目
C．由于设计变更引起合同约定幅度之外的工程量增减部分
D．由于设计变更引起合同约定幅度之内的工程量增减部分

322．某工程的工程量清单由于设计变更引起新的工程量清单项目，除合同另有约定外，其相应的综合单价（　　）。
A．应由发包人提出，承包人同意　　B．应由承包人提出，发包人确认
C．应由发包人直接确定　　D．应由造价管理部门确定

323．若施工中出现施工图纸（含设计变更）与工程量清单项目特征描述不符的，发包、承包双方应按新的项目特征确定相应工程量清单项目的（　　）。
A．定额单价　　B．综合单价　　C．工料单价　　D．合计价

324．工程量清单计价中的任何内容不得随意删除或修改，投标人应填报工程量清单计价格式中列明的所有需要填报的单价和合价，如未填报单价和合价，则（　　）。
A．招标人应要求投标人及时补充
B．投标人可以在中标后提出索赔
C．投标人应该在开标之前补充
D．招标人可以认为此项费用包含在工程量清单的其他单价和合价中

325．在工程量清单计价模式下，（　　）。
A．招标人承担工程量计算风险，投标人承担单价风险
B．投标人承担工程量计算风险，招标人承担单价风险
C．招标人承担工程量计算风险和单价风险
D．投标人承担工程量计算风险和单价风险

326．实行工程量清单计价，（　　）。
A．业主承担工程价格波动的风险，承包商承担工程量变动的风险
B．业主承担工程量变动风险，承包商承担工程价格波动的风险
C．业主承担工程量变动和工程价格波动的风险
D．承包商承担工程量变动和工程价格波动的风险

327．根据我国工程建设特点，按《建设工程工程量清单计价规范》（GB 50500—2008）对施工风险进行了划分，应有限度承担的风险是（　　）。
A．技术风险　　B．管理风险　　C．市场风险　　D．物价波动风险

328.《建设工程工程量清单计价规范》(GB 50500—2008)中规定投标人应完全承担的风险是( )。

A. 管理费　　B. 材料价格、施工机械使用费等的变化

C. 法律、法规、规章变化　　D. 政策变化

329.《建设工程工程量清单计价规范》(GB 50500—2008)中规定投标人应完全承担的风险是( )。

A. 利润　　B. 材料价格、施工机械使用费等的变化

C. 法律、法规、规章变化　　D. 政策变化

330. 根据《建设工程工程量清单计价规范》(GB 50500—2008),投标单位各实体工程的风险费用应计入( )。

A. 其他项目清单计价表　　B. 材料清单计价表

C. 分部、分项工程清单计价表　　D. 零星工作费表

331. 由于设计变更引起新的工程量清单项目执行原有综合单价。( )

A. 对　　B. 错

332. 某工程的工程量清单由于设计变更引起新的工程量清单项目,除合同另有约定外,其相应的综合单价由发包人直接确定。( )

A. 对　　B. 错

333. 若施工中出现施工图纸(含设计变更)与工程量清单项目特征描述不符的,承包、发包双方应按新的项目特征确定相应工程量清单项目的综合单价。( )

A. 对　　B. 错

334. 工程量清单计价中的任何内容不得随意删除或修改,投标人应填报工程量清单计价格式中列明的所有需要填报的单价和合价,如未填报单价和合价,则投标人应该在开标之前补充。( )

A. 对　　B. 错

335. 在工程量清单计价模式下,招标人承担工程量计算风险,投标人承担单价风险。( )

A. 对　　B. 错

336. 实行工程量清单计价,业主承担工程价格波动的风险,承包商承担工程量变动的风险。( )

A. 对　　B. 错

337. 根据我国工程建设特点,《建设工程工程量清单计价规定》(GB 50500—2008)对施工风险进行了划分,应有限度承担的风险是市场风险。( )

A. 对　　B. 错

338.《建设工程工程量清单计价规定》(GB 50500—2008)规定投标人应完全承担的风险是管理费。( )

A．对　　　　　　　　　　　　B．错

339.《建设工程工程量清单计价规定》（GB 50500—2008）规定投标人应完全承担的风险是利润。（　　）

A．对　　　　　　　　　　　　B．错

340．根据《建设工程工程量清单计价规范》（GB50500—2008），投标单位施工风险费用应计入其他项目清单计价表。（　　）

A．对　　　　　　　　　　　　B．错

341．当工程变更引起实际完成的工程量增减超过工程量清单中相应工程量的 10%或合同中约定的幅度时，应予调整该工程量清单项目的（　　）。

A．材料单价　　B．市场单价　　C．综合单价　　D．部分费用单价

342．当投标单位在审核工程量时发现工程量清单上的工程量与施工图中的工程量不符时，应（　　）。

A．以工程量清单中的工程量为准　　B．以施工图中的工程量为准

C．以上面 AB 两选项的平均值为准　　D．在规定时间内向招标单位提出，经招标单位同意后方可调整

343．在构成投标报价的各项费用中，应该在单位工程报价中予以单独列支的是（　　）。

A．人工费　　B．管理费　　C．税金　　D．利润

任务二　建筑工程消耗量定额

344．定额是指完成指定的施工内容（工程）在人力、物力、财力消耗方面所需要的（　　）。

A．投资需要量　　B．综合一般劳动量

C．社会总劳动量　　D．社会必要劳动量

345．下列对我国工程建设定额的认识，正确的是（　　）。

A．不利于节约社会劳动和提高生产效率

B．定额在社会主义市场经济条件下仍能发挥作用

C．定额是计划经济的产物

D．定额是与市场经济相悖的体制改革对象

346．标准定额消耗量，是规定消耗在合格质量的单位工程基本构造要素上的人工、材料和机械台班的数量标准，是计算建筑安装产品价格的基础。所谓的基本构造要素通常是指（　　）。

A．分部工程　　B．分项工程、结构构件

C．装饰工程　　D．结构工程

347．工程定额的系统性表现在（　　）。

A．工程建设定额和生产力发展水平相适应

B．工程建设定额管理在理论、方法和手段上适应现代科学技术的需要

C．工程建设定额按照统一的原则制定

D．工程建设定额是由多种定额结合而成的有机整体

348．工程建设定额的指导性的客观基础是定额的（　　）。

A．系统性　　B．科学性　　C．稳定性　　D．统一性

349．工程建设定额不具有（　　）的特征。

A．时效性　　B．科学性　　C．群众性　　D．强制性

350．工程建设定额不具有（　　）的特征。

A．计划性　　B．科学性　　C．群众性　　D．时效性

351．下列定额分类中属于按照生产要素消耗内容分类的是（　　）。

A．材料定额、机械定额、工器具定额

B．劳动定额、机械台班定额、材料消耗定额

C．机械定额、材料定额、建筑工程定额

D．资金定额、劳动定额、机械定额

352．工程定额按生产要素分为（　　）。

A．建筑工程定额、安装工程定额
B．施工定额、预算定额、概算定额、概算指标和估算指标
C．全国统一定额、地方统一定额、专业部定额和一次性补充定额
D．劳动定额、材料消耗定额和机械台班定额

353．下列不是按照定额的生产要素来分类的是（　　）。
A．施工定额　B．劳动消耗定额
C．材料消耗定额　D．机械台班消耗定额

354．下列不是按照定额的生产要素来分类的是（　　）。
A．劳动消耗定额　B．预算定额
C．材料消耗定额　D．机械台班消耗定额

355．下列不属于工程建设定额按定额按用途分类的是（　　）。
A．预算定额　B．施工定额
C．材料消耗定额　D．概算指标

356．将工程建设定额划分为劳动、机械、材料消耗定额，这是按（　　）分类的。
A．定额的不同用途　B．定额反映的生产要素消耗内容
C．定额的编制单位和执行范围　D．投资的费用性质

357．以下不是按照定额反映的生产要素消耗内容进行分类的是（　　）。
A．劳动定额　B．材料消耗定额
C．机械台班消耗定额　D．企业定额

358．工程建设定额按照投资的费用性质分类，可分为（　　）。
A．建筑工程定额、设备安装工程定额、建筑安装工程费用定额
B．施工定额、预算定额、概算定额
C．劳动定额、机械消耗定额、材料消耗定额
D．概算指标、投资估算指标、概算定额

359．下列各项定额中，不属于按投资费用性质分类的是（　　）定额。
A．各种费用　B．建筑工程　C．概算　D．设备安装工程

360．建筑工程定额按用途和编制程序划分为（　　）。
A．概算定额、预算定额、施工定额
B．全国定额、地方定额、企业定额
C．劳动定额、材料消耗定额、机械台班定额
D．预算定额、企业定额、劳动定额

361．工程建设定额按照按定额的不同用途分类，可分为（　　）。
A．建筑工程定额、设备安装工程定额、建筑安装工程费用定额
B．施工定额、预算定额、概算定额

C．劳动定额、机械消耗定额、材料消耗定额
D．企业定额、补充定额和行业定额

362．下列不属于工程建设定额按编制程序和用途分类的是（　　）。
A．施工定额　　B．预算定额　　C．概算指标　　D．劳动消耗定额

363．下列不属于工程建设定额按编制程序和用途分类的是（　　）。
A．施工定额　　B．预算定额　　C．概算指标　　D．材料消耗定额

364．工程建设定额按照按制定单位和执行范围分类，可分为（　　）。
A．建筑工程定额、设备安装工程定额、建筑安装工程费用定额
B．施工定额、预算定额、概算定额
C．劳动定额、机械消耗定额、材料消耗定额
D．企业定额、补充定额和行业定额

365．下列对工程建设定额分类的说法，错误的是（　　）。
A．按定额反映的生产要素消耗内容分类，可以把工程建设定额分为劳动定额、材料消耗定额和机械台班消耗定额
B．按定额的不同用途分类，可以把土程建设定额分为投资估算指标、概算定额、预算定额、施工定额等
C．按照投资的费用性质分类，可以把工程建设定额分为建筑工程定额、设备安装工程定额、建筑安装工程费用定额和工程建设其他费用定额
D．按照专业性质分类，工程建设定额可分为企业定额、补充定额和行业定额等

366．在编制施工定额时，一般以（　　）为主要研究对象。
A．操作　　B．动作　　C．工序　　D．分部、分项

367．用计时观察法编制施工定额时，（　　）是主要研究对象。
A．工艺　　B．过程　　C．动作　　D．工序

368．在下列各种定额中，以工序为研究对象的是（　　）。
A．概算定额　　B．施工定额　　C．预算定额　　D．投资估算指标

369．工程建设定额中分项最细，定额子目最多的定额是（　　）。
A．劳动定额　　B．材料定额　　C．机械定额　　D．施工定额

370．（　　）是工程建设定额中的基础性定额。
A．施工定额　　B．预算定额　　C．概算定额　　D．概算指标

371．施工企业为了组织生产和加强管理，在企业内部使用的一种定额称为（　　）。
A．施工定额　　B．预算定额　　C．概算定额　　D．工期定额

372．（　　）是建筑安装企业用于内部管理的定额，属于企业定额的性质。
A．施工定额　　B．预算定额　　C．概算定额　　D．概算指标

373．在下列各种定额中，不属于工程造价计价定额的是（　　）。

A．预算定额　B．施工定额　C．概算定额　D．费用定额

374．直接用于签发限额领料卡的是施工管理中的（　　）。

A．概算指标　B．概算定额　C．施工定额　D．预算定额

375．下列定额中不是采用平均水平作为定额编制水平的是（　　）。

A．施工定额　B．预算定额　C．概算定额　D．概算指标

376．以同一性质的施工过程作为研究对象，表示生产产品数量与时间消耗综合关系编制的定额是（　　）。

A．施工定额　B．概算指标　C．预算定额　D．概算定额

377．什么是指定额规定的劳动力、材料和施工机械的消耗标准（　　）。

A．施工定额水平　B．劳动定额水平

C．施工定额　D．劳动定额

378．施工定额的理想水平是（　　）。

A．先进水平　B．社会平均水平

C．平均先进水平　D．企业平均水平

379．下列不属于施工定额作用的是（　　）。

A．是企业计划管理的依据

B．是企业提高劳动生产率的手段

C．是企业计算工人劳动报酬的依据

D．是编制施工预算、加强企业成本管理的基础

380．下列不属于施工定额特征的是（　　）。

A．编制概算指标的基础　B．企业定额

C．分项最细、定额子目最多　D．基础性定额

381．根据建筑安装工程定额编制式的原则，按平均先进水平编制的是（　　）。

A．预算定额　B．企业定额　C．概算定额　D．概算指标

382．企业定额是根据（　　）制定的。

A．企业生产力水平和管理水平　B．社会平均合理水平

C．社会平均先进水平　D．社会平均低下水平

383．企业定额的编制原则不包括（　　）。

A．社会平均性　B．简明适用性

C．独立自主性　D．实效性与相对稳定性

384．与其他定额相比，企业定额在编制原则上的主要不同点在于（　　）。

A．简明适用性原则　B．统一性和差别性相结合的原则

C．独立自主原则　D．时效性原则

385. 消耗量定额是由建设行政主管部门根据合理的施工组织设计按照正常施工条件下制定的，生产一个规定计量单位工程合格产品所需人、材料、机械台班的（　　）消耗量。

A．社会平均　　B．社会先进　　C．平均先进　　D．社会最低

386. 基础定额是以完成规定计量单位工序所需的人工、材料、施工机械的基础消耗量，下列不属于基础定额的是（　　）。

A．人工幅度差、材料损耗和机械幅度差

B．劳动定额、材料消耗定额和机械台班消耗定额

C．人工、材料、机械台班耗用量（或货币量）的数量标准

D．人工幅度差、劳动定额和机械台班耗用量

387. 施工定额是建筑安装企业管理的基础，也是工程建设定额体系中的基础，其组成部分不包括（　　）。

A．工期定额　　B．劳动定额　　C．机械定额　　D．材料定额

388.（　　）是完成一定合格产品（工程实体或劳务）规定活动消耗的数量标准。

A．劳动定额　　B．人工定额　　C．施工定额　　D．直接费定额

389. 技术工人在一定施工组织条件下，在单位时间内应当完成合格产品的数量或完成单位合格产品所需的劳动时间，称为（　　）。

A．材料消耗定额　　B．劳动定额　　C．综合定额　　D．时间定额

390. 劳动定额是建筑安装工人在正常的施工（生产）条件下、在一定的生产技术和生产组织条件下、在平均先进水平的基础上制定的，又称（　　）。

A．人工定额　　B．概算定额　　C．施工定额　　D．预算定额

391. 劳动消耗定额的主要表现形式是（　　）。

A．数量定额和质量定额　　B．数量定额和时间定额

C．时间定额和产量定额　　D．产量定额和质量定额

392. 劳动消耗定额的主要表现形式是（　　）。

A．时间定额　　B．人工消耗定额　　C．预算定额　　D．施工定额

393. 劳动定额的主要表现形式为时间定额，但同时也表现为产量定额，时间定额与产量定额的关系是（　　）。

A．互为倒数　　B．独立关系　　C．正比关系　　D．互为相反数

394. 劳动定额规定了在正常施工条件下某工种某等级的工人（　　）。

A．生产单位合格产品所需消耗的劳动时间

B．生产合格产品所需要的时间

C．生产单位合格产品所需要的时间

D．在单位时间内生产优秀产品的数量

395．劳动定额规定了在正常施工条件下某工种某等级的工人（　　）。

A．在单位时间内生产优秀产品的数量　　B．在单位时间内生产合格产品的数量

C．生产单位合格产品所需要的时间　　D．生产合格产品所需要的时间

396．人工工日消耗量是指完成某一工程项目所必需的（　　）的总和。

A．各种用工的劳动力人数　　B．各种用工的劳动时间

C．技术工种的人数　　D．技术工种的劳动时间

397．在工人工作时间的分类中，通常与所担负的工作量大小无关，而往往和工作内容有关的时间是（　　）。

A．准备与结束工作时间　　B．辅助工作时间

C．休息时间　　D．不可避免中断事件

398．在下列工人工作时间中，属于定额时间的是（　　）。

A．多余和偶然工作时间　　B．休息时间

C．施工本身造成的停工时间　　D．违反劳动纪律的损失时间

399．下列时间中应该计入定额时间的是（　　）。

A．多余工作时间

B．施工本身造成的停工时间

C．与施工过程工艺特点无关的工作中断时间

D．与施工过程工艺特点有关的工作中断时间

400．制定人工时间定额不需要考虑的时间是（　　）。

A．偶然工作时间　　B．休息时间

C．辅助工作时间　　D．施工本身造成的停工时间

401．定额时间不包括（　　）。

A．休息时间　　B．施工本身造成的停工时间

C．不可避免的中断时间　　D．辅助工作时间

402．根据工人工作时间分类，下列不属于必须消耗的时间是（　　）。

A．工人下班前工具整理所耗的时间

B．钢筋工在钢筋下料前熟悉图纸所耗的时间

C．墙体砌筑工人等待砂浆所耗的时间

D．工序交接时对前一工序不可避免的修理所耗的时间

403．根据工人工作时间分类，下列不属于必须消耗的时间是（　　）。

A．工人下班前工具整理所耗的时间

B．钢筋工在钢筋下料前熟悉图纸所耗的时间

C．工序交接时对前一工序不可避免的修理所耗的时间

D．因短暂停电而导致配合机械工作的工人停工所耗的时间

404．抹灰工在抹灰时拔掉遗留在墙上的钉子，则该时间应属于（　　）。

A．多余工作时间　　B．偶然工作时间
C．必须消耗的时间　　D．基本工作时间

405．属于损失时间但应该在定额中予以合理考虑的是（　　）。
A．休息时间　　B．不可避免中断时间
C．偶然工作时间　　D．施工本身造成的停工时间

406．在施工过程中，由于砖墙垒砌不符合要求而进行重砌，则该时间应属于（　　）。
A．违背劳动纪律损失的时间　　B．施工本身造成的停工时间
C．多余工作时间　　D．偶然工作时间

407．下列时间中在定额中不予考虑的是（　　）。
A．休息时间　　B．准备与结束时间
C．多余工作时间　　D．不可避免的停工时间

408．确定定额时，工人工作必须消耗的时间不包括（　　）。
A．不可避免的中断时间　　B．违反劳动纪律的损失时间
C．基本工作时间　　D．施工本身造成的停工时间

409．某瓦工班组 15 人，砌 1.5 砖厚的砖基础，需 6 天完成，砌筑砖基础的定额为 1.25 工日/m^3，该班组完成的砌筑工程量是（　　）。
A．112.5m^3　　B．90m^3/工日　　C．80m^3/工日　　D．72m^3

410．某人工挖土工程，单位时间产量定额为 2.5m^3/工日，其时间定额为（　　）。
A．0.4 工日/m^3　　B．0.5 工日/m^3　　C．0.25 工日/m^3　　D．2.5 工日/m^3

411．根据测时资料，已知完成某施工过程需要工人消耗基本工作时间 100min，辅助工作时间的比例为 15%，准备与结束工作时间的比例为 5%，不可避免中断时间的比例为 1.5%，休息时间的比例为 10%，则完成该施工过程的工人工作的工序作业时间为（　　）。
A．134min　　B．141min　　C．115min　　D．118min

412．已知某砖混结构建筑物体积为 900m^3，其中毛石带形基础的工程量为 110m^3，假设 1m^3 毛石带形基础需要用砌石工 0.66 工日，且在该项单位工程中没有其他工程需要砌石工，则 1000m^3 建筑物需要用砌石工为（　　）。
A．65.34 工日　　B．80.67 工日　　C．150.00 工日　　D．185.19 工日

413．已知挖 50m^3 土方，按现行劳动定额计算共需 20 工日，则其时间定额和产量定额分别为（　　）。
A．0.4 工日/m^3；0.4 工日/m^3　　B．0.4 工日/m^3；2.5 工日/m^3
C．2.5 工日/m^3；0.4 工日/m^3　　D．2.5 工日/m^3；2.5 工日/m^3

414．根据材料消耗的性质划分，施工材料可以划分为（　　）。
A．实体材料和非实体材料　　B．必须消耗的材料和损失的材料

C．主要材料和辅助材料　　D．一次性消耗材料和周转材料

415．预算定额中材料消耗量考虑了（　　）。

A．材料净用量　　B．材料净用量和不可避免损耗量

C．材料净用量和周转材料摊销量　　D．材料净用量和一切损耗量

416．材料损耗率的计算公式，可以表示为（　　）×100%。

A．损耗量/净用量　　B．净用量/损耗量

C．损耗量/总用量　　D．净用量/总用量

417．给定下列数据：材料消耗净用量为 100 单位，损耗率为 5%。则材料消耗定额为（　　）。

A．90 单位　　B．100 单位　　C．105 单位　　D．110 单位

418．某项目水泥必须消耗量是 10300t，损耗率为 3%，则水泥净用量为（　　）。

A．9991t　　B．10000t　　C．10300t　　D．10609t

419．在确定材料定额消耗量时，建筑工程必须消耗的材料不包括（　　）。

A．不可避免的场外运输损耗材料　　B．不可避免的施工废料关于预算定额

C．直接用于建筑工程的材料　　D．不可避免的材料施工操作损耗

420．施工中必须消耗的材料，是指在合理用料的条件下，生产合格产品所需消耗的材料不包括（　　）。

A．不可避免的材料损耗　　B．运输途中损失材料

C．不可避免的施工废料　　D．直接用于建筑和安装工程时材料

421．建设工程材料消耗中，不构成工程实体的摊销性材料属于（　　）。

A．主要材料　　B．辅助材料　　C．周转性材料　　D．其他材料

422．材料消耗定额中用以表示周转材料的消耗量是指该周转材料的（　　）。

A．一次使用量　　B．回收量　　C．周转使用量　　D．摊销量

423．对于施工周转材料，能计入材料定额消耗量的是（　　）。

A．一次使用量　　B．摊销量　　C．净用量　　D．回收量

424．烧结普通砖的外形尺寸（　　）。

A．240mm×115mm×90mm　　B．240mm×115mm×53mm

C．240mm×180mm×115mm　　D．240mm×150mm×300mm

425．1.5 砖厚的标准砖墙，计算工程量时，墙厚取值为（　　）。

A．370mm　　B．360mm　　C．365mm　　D．355mm

426．标准砖的尺寸为 240mm×115mm×53mm，3/4 砖的计算厚度为（　　）。

A．115mm　　B．178mm　　C．180mm　　D．240mm

427．地砖规格为 200mm×200mm，灰缝 1mm，其损耗率为 1.5%，则 $100m^3$ 地面地砖消耗

量为（　　）。

A．2475 块　　B．2513 块　　C．2500 块　　D．2462.5 块

428．运输汽车装载保温泡沫板，因体积大但重量不足而引起的汽车在降低负荷的情况下工作的时间属于机器工作时间消耗中的（　　）。

A．有效工作时间　　B．不可避免的无负荷工作时间

C．多余工作时间　　D．低负荷下的工作时间

429．在施工机械工作时间中，应列入定额时间的有（　　）。

A．不可避免的无负荷工作时间　　B．机械多余的工作时间

C．机械停工时间　　D．违背劳动纪律的停工时间

430．在测定搅拌机工作时间时，由于工人上班进行准备工作，导致搅拌机推迟工作 20min，对该时间表述正确的是（　　）。

A．该工作属于停工时间，不应计入定额

B．该工作属于不可避免的无负荷工作，应计入定额

C．该工作属于不可避免的无负荷工作，不计入定额

D．该工作属于不可避免的中断时间，应计入定额

431．在机器工作时间的分类中，汽车装货和卸货时的停车应属于（　　）。

A．循环的与工艺过程的特点有关的不可避免中断工作时间

B．定期的与工艺过程的特点有关的不可避免中断工作时间

C．与机器有关的不可避免中断工作时间

D．不可避免中断时间

432．下列属于不可避免的中断时间的一项是（　　）。

A．汽车装卸货物的停车时间

B．灰浆搅拌机搅拌时多运转的时间

C．未及时给机械加水、加油引起的停工时间

D．气候条件影响所引起的停工时间

433．在施工机械工作时间中，不应计入定额时间，或不能作为计算定额基础的时间是（　　）。

A．施工本身造成的停工时间　　B．不可避免的中断时间

C．不可避免的无负荷工作时间　　D．工人休息时间

434．机械台班产量定额不需要通过（　　）确定。

A．工作班延续时间　　B．多余工作时间

C．机械正常利用系数　　D．机械 1h 纯工作正常生产率

435．大修周期与寿命期内大修理次数的关系应该是（　　）。

A．大修周期＝寿命期内大修理次数＋1

B．大修周期＝寿命期内大修理次数

C．大修周期＝寿命期内大修理次数－1
D．大修周期＝寿命期内大修理次数＋经常修理次数

436．在编制机械台班定额时，机械纯工作时间是指（　　）。
A．正常负荷下的工作时间　　B．有效工作时间
C．必需消耗的时间　　D．机械一台班工作时间

437．确定机械台班定额消耗量时，首先应（　　）。
A．确定正常的条件　　B．确定机械正常生产率
C．确定机械工作时间的利用率　　D．确定机械正常的生产效率

438．已知产量定额为 10 单位，则时间定额为（　　）。
A．10 单位　　B．1 单位　　C．0.5 单位　　D．0.1 单位

439．按现行规定，施工机械每个工作台班的工作时间计算为（　　）。
A．6h　　B．7h　　C．8h　　D．10h

440．已知某挖土机挖土的一次正常循环工作时间是 2min，每循环工作一次挖土 0.5m^3，工作班的延续时间为 8h，机械正常利用系数为 0.8，则其产量定额为（　　）。
A．300m^3/台班　　B．150m^3/台班　　C．120m^3/台班　　D．96m^3/台班

441．预算定额反映的理想水平是（　　）。
A．企业先进水平　　B．社会平均合理水平
C．平均先进水平　　D．企业平均水平

442．预算定额是（　　）在基础上综合扩大编制而成。
A．概算定额　　B．劳动定额　　C．时间定额　　D．施工定额

443．编制施工预算所采用的定额是（　　）。
A．预算定额　　B．施工定额　　C．概算定额　　D．劳动定额

444．编制预算定额的基础是（　　）。
A．时间定额　　B．概算定额　　C．施工定额　　D．产量定额

445．预算定额中人工工日消耗量确定的基础或方法是（　　）。
A．以概算定额中的人工定额为基础　　B．以施工定额中的劳动定额为基础
C．工作研究　　D．估计法

446．预算定额是由（　　）组织编制、审批并颁发执行。
A．国家主管部门或其授权机关　　B．国家发展和改革委员会
C．国家技术管理局　　D．以上均可

447．预算定额是规定消耗在单位的（　　）上的劳动力、材料和机械的数量标准。
A．分项工程　　B．分项工程和结构构件
C．单位工程　　D．分部工程

448. 某定额是编制结算时计算和确定一个规定计量单位的分项工程或结构构件的人工、材料、机械台班消耗用量的数量标准，同时它是以施工定额为基础的综合扩大。则该定额是（　　）。

A. 施工定额　　B. 概算指标　　C. 概算定额　　D. 预算定额

449. 编制预算定额的原则不包括（　　）。

A. 平均性原则　　B. 先进性原则

C. 简明使用原则　　D. 统一性和差别性原则

450. 编制预算定额的原则不包括（　　）。

A. 平均性原则　　B. 独立自主原则

C. 简明使用原则　　D. 统一性和差别性原则

451. 编制预算定额的原则包括（　　）。

A. 社会平均水平的原则　　B. 先进性原则

C. 普遍性原则　　D. 独立自主原则

452. 建筑安装工程费用定额的水平应按照社会必要劳动量确定，这一说法体现了建筑安装工程费用定额的（　　）编制原则。

A. 合理确定定额水平　　B. 简明、适用性

C. 定性与定量分析相结合　　D. 以上都不对

453. 预算定额的编制原则包括（　　）。

A. 定性与定量分析相结合的原则　　B. 社会平均水平的原则

C. 合理确定定额水平原则　　D. 简明性原则

454. 预算定额项目的划分与步距之间的关系是（　　）。

A. 步距大，定额子目就会增加，精确度会降低

B. 步距小，定额子目就会减少，精确度会降低

C. 步距大，定额子目就会减少，精确度会增加

D. 步距小，定额子目就会增加，精确度会增加

455. 下列不属于预算定额编制依据的是（　　）。

A. 全国统一劳动定额　　B. 现行的设计规范

C. 概算指标　　D. 通用的标准图

456. 下列选项中，预算定额的编制依据不包括（　　）。

A. 全国统一劳动定额、全国统一基础定额

B. 通用的标准图和已选定的典型工程施工图纸

C. 选择的典型工程施工图和其他有关资料

D. 施工现场测定资料、实验资料和统计资料

457. 下列选项中，预算定额的编制依据不包括（　　）。

A. 全国统一劳动定额、全国统一基础定额

B．通用的标准图和已选定的典型工程施工图纸
C．选择的典型工程施工图和其他有关资料
D．人工工资标准、材料概算价格和机械台班概算价格

458．工程预算定额的编制依据不包括（　　）。
A．推广的新技术、新结构、新材料、新工艺
B．选择的典型工程施工图和其他有关资料
C．现行的设计规范，施工验收规范，质量评定标准和安全操作规程
D．全国统一劳动定额、全国统一基础定额

459．工程预算定额的作用不包括（　　）。
A．是编制概算指标的依据
B．是施工企业编制、施土计划，确定劳动力、材料、机械台班需用量计划和统计完成工程量的依据
C．是编制施工图预算、确定工程造价的依据
D．是建筑单位拨付工程价款、建设资金和编制竣工结算的依据

460．关于预算定额，以下表述正确的是（　　）。
A．预算定额中人工工日消耗量的确定不考虑人工幅度差
B．预算定额是概算定额的扩大与合并
C．预算定额是以扩大的分部、分项工程为对象编制的
D．预算定额是编制概算定额的基础

461．预算定额中的人工消耗指标包括（　　）。
A．基本用工和人工幅度差
B．基本用工、辅助用工和人工幅度差
C．基本用工、超运距用工、辅助用工和人工幅度差
D．基本用工、超运距用工、辅助用工

462．在正常的施工条件下。预算定额中的人工工日消耗量是由（　　）组成的。
A．基本用工＋其他用工　　B．人工幅度差
C．辅助用工　　D．超运距运费用工

463．预算定额中的人工工日消耗量不包括（　　）。
A．基本用工量　　B．辅助用工量
C．人工幅度差用工量　　D．准备用工量

464．预算定额中人工工日消耗量应包括（　　）。
A．基本用工和人工幅度差用工　　B．辅助用工和基本用工
C．基本用工和其他用工　　D．基本用工、辅助用工和人工幅度差用工

465．劳动定额中未包含，而在一般正常的施工条件不可避免的，但又无法计量的用工，在预算定额人工消耗指标中指（　　）。

A．辅助用工　B．超运距用工　C．零星用工　D．人工幅度差用工

466．预算定额人工消耗量的人工幅度差是指（　）。

A．预算定额消耗量与概算定额消耗量的差额

B．预算定额消耗量自身的误差

C．预算定额人工定额必须消耗量与净消耗量的差额

D．预算定额人工工日消耗量与施工劳动定额消耗量的差额

467．下列项目中属于预算定额中人工工日消耗量中人工幅度差的是（　）。

A．机械土石方配合用工　B．材料加工用工

C．电焊点火用工　D．班组操作地点转移用工

468．人工幅度差系数一般为（　）。

A．5%～10%　B．5%～15%　C．10%～15%　D．10%～20%

469．在预算定额人工工日消耗量计算时，已如完成单位合格产品的基本用工为 22 工日，超运距用工为 4 工日，辅助用工为 2 工日，人工幅度差系数为 12%，则预算定额中的人工工日消耗量为（　）。

A．3.36 工日　B．25.36 工日　C．28 工日　D．31.36 工日

470．在编制预算定额人工消耗量时，已知其必需消耗的技术工种用工为 30 工日，超运距用工 2 工日，辅助用工 3 工日，人工幅度差率为 10%，则预算定额的人工消耗量为（　）。

A．30 工日　B．23.5 工日　C．38.5 工日　D．27.3 工日

471．概算定额是确定完成合格的（　）所需消耗的人工、材料和机械台班的数量标准。

A．分部、分项工程　B．扩大分部、分项工程

C．单位工程　D．单项工程

472．以扩大的分部、分项工程为对象编制的是（　）。

A．概算指标　B．预算定额　C．概算定额　D．投资估算指

473．编制概算定额的基础是（　）。

A．施工定额　B．劳动定额　C．预算定额　D．概算指标

474．（　）不是概算定额编制的依据。

A．预算定额　B．现行的设计标准规范

C．人工、材料、机械的价格　D．施工定额

475．概算定额的编制步骤中不包括（　）。

A．准备工作阶段　B．编制初稿阶段

C．修改和审查计价定额阶段　D．审查定稿阶段

476．概算定额与预算定额的主要差别在于（　）。

A．表达的主要内容不同　B．表达的主要方式不同

C．基本使用方法不同　　D．项目划分和综合扩大程度不同

477．编制扩大初步设计概算和确定建设项目投资额的依据是（　　）。

A．概算指标　　B．施工定额　　C．概算定额　　D．预算定额

478．概算指标比概算定额（　　）。

A．精确　　B．详细具体　　C．综合和概括　　D．以上均不对

479．概算指标在具体内容的表示方法上，有（　　）两种形式。

A．单项指标和分类指标　　B．综合指标和单项指标

C．综合指标和分类指标　　D．单项指标和分项指标

480．既是设计单位编制设计概算或建设单位编制年度投资计划的依据，也可作为编制估算指标的基础是（　　）。

A．概算指标　　B．概算定额　　C．预算定额　　D．施工定额

481．工程概算指标的主要作用不包括（　　）。

A．是编制概算阶段招标标底和投标报价的依据

B．是考核基本建设投资效果的依据

C．是设计单位编制初步设计概算、选择设计方案的依据

D．是基本建设管理部门编制投资估算和编制基本建设计划，估算主要材料用量计划的依据

482．在投资估算指标中，单位工程指标按规定应列入（　　）。

A．从立项筹建到竣工交付使用的全部投资额

B．建筑安装工程费用

C．建筑安装工程费、设备工器具费用、其他费用

D．建筑安装工程费用和其他费用

483．下列各项指标，不属于投资估算指标内容的是（　　）。

A．建设项目综合指标　　B．单位工程指标

C．单项工程指标　　D．分部、分项工程指标

484．工程建设其他费用定额的编制原则是（　　）。

A．细算粗编　　B．粗算细编　　C．细算细编　　D．粗算粗编

485．建筑安装工程费用定额一般包括（　　）。

A．措施费定额　　B．设备安装工程定额

C．建筑安装工程定额　　D．其他费用定额

486．建筑安装工程费用定额一般包括（　　）。

A．间接费定额　　B．设备安装工程定额

C．建筑安装工程定额　　D．其他费用定额

487．建筑安装工程费用定额的编制原则不包括（　　）。

A．定性与定量分析相结合的原则　　B．简明、实用性原则
C．合理确定定额东平的原则　　D．定量分析的原则

488．建筑安装工程费用定额的编制原则不包括（　　）。
A．定性与定量分析相结合的原则　　B．简明、实用性原则
C．合理确定定额东平的原则　　D．定性分析的原则

任务三　建 筑 工 程 费 用

489. 建设工程的工程造价与（　　）在量上相等。

A. 固定资产投资　　B. 流动资产投资

C. 无形资产投资　　D. 递延资产投资

490. 非生产性建设项目的工程总造价就是建设项目（　　）的总和。

A. 工程承发包价格　　B. 铺地流动资金投资

C. 固定资产投资　　D. 建筑安装工程造价

491. 从投资费用的角度看，在投资活动中所支付的全部费用形成了（　　）。

A. 固定资产　　B. 固定资产和无形资产

C. 固定资产和流动资产　　D. 固定资产、无形资产和流动资产

492. 建设项目总投资的组成主要分为（　　）。

A. 固定资产投资和流动资产投资　　B. 建筑安装工程费用

C. 设备及工器具购置费　　D. 预备费

493. 项目建设期间用于项目的建设投资、建设期贷款利息、固定资产投资方向调节税和流动资金的总和是（　　）。

A. 建设项目总投资　　B. 工程费用

C. 安装工程费　　D. 预备费

494. 建设项目工程造价是指（　　）。

A. 建设项目的建设投资、建设期贷款利息、固定资产投资方向调节税和流动资金的总和

B. 建设项目的建设投资、建设期贷款利息、固定资产投资方向调节税的总和

C. 建设项目的建设投资、建设期贷款利息和流动资金的总和

D. 建设项目的建设投资、固定资产投资方向调节税和流动资金的总和

495. 工程造价的构成主要划分为设备及工、器具购置费用、（　　）、工程建设其他费用、预备费、建设期贷款利息、固定资产投资方向调节税。

A. 建筑安装工程费用　　B. 土地使用费

C. 固定资产使用费　　D. 生成准备费

496. 固定投资估算的内容按费用的性质划分，不包括（　　）。

A. 建筑安装工程费　　B. 设备及工器具购置费

C. 工程建设其他费用　　D. 流动资金

497. 下列不属于建设投资的是（　　）。

A．流动资金　　　　B．工程建设其他费用
C．预备费　　　　D．工程费用

498．在下列各项中，不属于建设工程项目工程造价的是（　　）。
A．建设期利息　　　　B．设备及工器具购置费
C．预备费　　　　D．流动资产投资

499．建设项目费用是指工程项目（　　）所需要的费用总和。
A．从筹建到竣工验收　　　　B．从筹建到竣工验收、交付使用
C．从筹建到交付使用　　　　D．从竣工验收到交付使用

500．按照我国现行《建筑安装工程费用项目组成》（建标〔2003〕206 号）的规定，建筑安装工程费用的组成为（　　）。
A．直接费、间接费、计划利润、税金　　B．直接工程费、间接费、利润、税金
C．直接费、规费、间接费、税金　　D．直接费、间接费、利润、税金

501．建筑工程造价组成，下列说法正确的是（　　）。
A．直接工程费由直接费和措施费组成　　B．间接费由企业管理费和规费组成
C．税金包括营业税、城市维护建设税　　D．利润包括盈利和税金

502．我国现行的建设工程预算费用项目组成不包括（　　）。
A．直接费　　B．间接费　　C．管理费　　D．利润、税金

503．在建筑安装工程费用中，下列说法不正确的是（　　）。
A．直接费由直接工程费和措施费构成
B．间接费由规费和企业管理费构成
C．间接费由规费和企业财务费构成
D．规费是政府和有关权力部门规定必须交纳的费用

504．在建筑安装工程费用中，下列说法不正确的是（　　）。
A．直接费由直接工程费和措施费构成
B．间接费由规费和企业管理费构成
C．规费是政府和有关权力部门规定必须交纳的费用
D．措施费是用于工程实体项目的费用

505．根据我国现行建筑安装工程项目费用组成，下列关于费用的描述不正确的是（　　）。
A．材料费是指在施工过程中耗费的原材料、辅助材料、构配件、零件、半成品的费用
B．材料费中包括了对建筑材料、构件和建筑安装物进行一般鉴定、检查所发生的费用
C．施工机械使用费不包括大型机械设备的场外运费及安拆费
D．当安装的设备价值作为安装工程产值时，该设备的价款还应计算营业税等建安工程税金

506．根据我国现行建筑安装工程项目费用组成，下列关于费用的描述不正确的是（　　）。
A．材料费中包括了对建筑材料、构件和建筑安装物进行一般鉴定、检查所发生的费用

B．施工机械使用费不包括大型机械设备的场外运费及安拆费
C．以直接费为计算基础时，利润等于直接费乘以相应利润率
D．当安装的设备价值作为安装工程产值时，该设备的价款还应计算营业税等建安工程税金

507．（　　）不属于建筑工程费用内容。
A．列入建筑工程预算的各种管道、电力和电缆导线敷设工程的费用
B．附属于被安装设备的管线敷设工程费用
C．各种炉窑的砌筑工程的费用
D．修建水库、堤坝、灌渠及防洪等工程的费用

508．（　　）不属于建筑工程费用内容。
A．列入建筑工程预算的各种管道、电力和电缆导线敷设工程的费用
B．各种炉窑的砌筑工程的费用
C．修建水库、堤坝、灌渠及防洪等工程的费用
D．为测定安装工程质量，对单台设备进行单机试运转工作的调试费

509．下列费用属于静态投资的是（　　）。
A．建筑安装工程费用　　B．涨价预备费
C．投资方向调节税　　D．建设期贷款利息

510．静态投资包括建筑安装工程费，设备和工、器具购置费，工程建设其他费用和（　　）。
A．预备费　　B．基本预备费
C．涨价预备费　　D．未明确项目准备金

511．预备费是指（　　）。
A．在初步设计阶段难以预料而在施工过程中又可能发生的规定范围内的费用
B．工程建设期内可能发生的价差
C．在初步设计阶段难以预料的费用
D．在初步设计阶段难以预料而在施工过程中又可能发生的规定范围内的费用

512．基本预备费是为解决工程施工过程中，经上级批准的（　　）增加的投资及为解决意外事故而采取的措施所增加的工程项目和费用。
A．设计变更和人工工资变动　　B．设计变更和人工、材料和设备价格变动
C．设计变更和国家政策性变动　　D．设计变更和投资环境变动

513．基本预备费的概念阐述正确的是（　　）。
A．在投资估算内难以预料的工程费用
B．在设计概算内难以预料的工程费用
C．在投资估算或设计概算内难以预料的工程费用
D．在投资估算或设计概算内难以预料的工程费用和由于价格等变化引起的工程造价变化的预测、预留费用

514. 基本预备费是在初步设计及概算内难以预料的工程费用，其主要内容不包括（　　）。
A. 设计变更、局部地基处理增加的费用
B. 自然灾害造成的损失
C. 批准的初步设计范围内，技术设计过程中增加的工程费用
D. 利率、汇率调整增加的费用

515. 预备费包括（　　）。
A. 基本预备费和材料预备费　　B. 基本预备费和涨价预备费
C. 基本预备费和价格预备费　　D. 基础预备费和价差预备费

516. 当建设工程竣工验收时，为了鉴定工程质量，对隐蔽工程进行必要的挖掘和修复，费用应从（　　）中支付。
A. 建设单位管理费　　B. 建设单位基本预备费
C. 建设单位涨价预备费　　D. 勘察设计费

517. 以下费用中不属于基本预备费的项目是（　　）。
A. 设计变更增加的费用　　B. 局部地基处理增加的费用
C. 工程建设其他费用调整　　D. 预防自然灾害采取的措施费用

518. 在编制工程建设其他费用定额时，基本预备费的计取基础是（　　）。
A. 工程费用
B. 工程费用＋工程建设其他费
C. 工程费用＋建设期贷款利息
D. 工程费用＋工程建设其他费＋建设期贷款利息

519. 基本预备费的计算基数不包括（　　）。
A. 设备及工器具购置费　　B. 建筑安装工程费
C. 工程建设其他费用　　D. 铺底流动资金

520. 基本预备费的计算基数不包括（　　）。
A. 设备及工器具购置费　　B. 建设期利息
C. 工程建设其他费　　D. 建筑安装工程费

521. 建设项目动态投资包括（　　）。
A. 涨价预备费　　B. 增值税
C. 基本预备费　　D. 固定资产投资方向调节税

522.（　　）是因人工工资、材料和设备价格上涨以及费用标准调整而增加的投资。
A. 基本预备费　　B. 涨价预备费　　C. 其他费用　　D. 独立费用

523. 某项目中建筑安装工程费用为 560 万元，设备工器具购置费工为 330 万元，工程建设其他费用为 133 万元，基本预备费为 102 万元，涨价预备费 55 万元，建设期贷款利息为 59 万元（没有固定资产投资方向调节税），则静态投资为（　　）。

A．1023 万元　　B．1125 万元　　C．1180 万元　　D．1239 万元

524．工程建设其他费用属于（　　）。

A．建筑安装工程费用　　B．预备费

C．建设项目工程造价　　D．企业管理费

525．我国现行建设项目的构成中，工程建设的其他费用包括（　　）。

A．涨价预备费　　B．直接费

C．建设期贷款利息　　D．土地使用费

526．下列属于工程建设其他费用的是（　　）。

A．设备购置费　　B．工具器具及生产家具购置费

C．建设用地费　　D．预备费

527．按我国现行投资构成，下列费用中不属于工程建设其他费用的是（　　）。

A．勘察设计费　　B．研究试验费

C．建设期贷款利息　　D．联合试运转费

528．下列不属于工程建设其他费用构成的是（　　）。

A．工程监理费　　B．工程保险费

C．进口设备检验鉴定费用　　D．企业管理费

529．下列不属于工程建设其他费用构成的是（　　）。

A．工程监理费　　B．财务费

C．进口设备检验鉴定费用　　D．工程保险费

530．下列费用不属于土地征用及迁移补偿费的是（　　）。

A．征地动迁费　　B．土地使用权出让金

C．安置补助费　　D．土地补偿费

531．下列费用不属于土地征用及迁移补偿费的是（　　）。

A．征地动迁费　　B．安置补助费

C．土地清理费　　D．土地补偿费

532．土地征用及迁移补偿费的内容不包括（　　）。

A．安置补助费　　B．征地动迁费

C．土地使用权出让金　　D．耕地占用税

533．通过土地使用权出让方式取得有限期的土地使用权应支付（　　）。

A．土地征用费　　B．土地迁移补偿费

C．土地使用权出让金　　D．土地开发费

534．建设项目通过划拨方式取得无限期的土地使用权应支付（　　）。

A．土地征用及迁移补偿费　　B．土地征用费

C．土地补偿费　　D．土地使用权出让金

535．工程建设其他费用除土地使用费用和与未来生产经营有关的费用外还包括（　　）。

A．建设期建设贷款利息　　B．预备费

C．与项目建设有关的费用　　D．设备及工器具购置费

536．下列不属于与工程建设有关的其他费用的是（　　）。

A．建设单位管理费　　B．工程监理费

C．研究试验费　　D．可行性研究费

537．建设单位管理费是指建设项目（　　）期间全过程管理所需的费用。

A．从筹建到交付使用　　B．从立项到交付使用

C．从筹建到后评估　　D．从立项到后评估

538．下列费用中属于与项目建设有关的管理费的是（　　）。

A．工程定额测定费　　B．土地使用税

C．社会保障费　　D．住房公积金

539．委托设计单位编制工程概预算的费用为（　　）。

A．建设单位管理费　　B．建设单位开办费

C．勘察设计费　　D．建设单位经费

540．根据我国现行建设工程总投资构成，工程勘察设计费属于（　　）。

A．与工程建设有关的费用　　B．土地使用费

C．与未来企业生产经营有关的费用　　D．建筑安装工程费用

541．下列不属于勘察设计费的是（　　）。

A．工程勘察费　　B．基础设计费　　C．详细设计费　　D．场地准备费

542．为建设项目提供和验证设计参数、数据、资料等所进行的必要的试验费用属于（　　）。

A．检验试验费　　B．检验鉴定费　　C．研究试验费　　D．检查鉴定费

543．研究试验费不包括（　　）。

A．自行勘察试验所需的人工费、材料费

B．自行勘察试验所需的试验设备及仪器使用费

C．按规定付给商品检验部门的进口设备检验鉴定费

D．委托其他部门勘察试验所需的人工费、材料费、试验设备及仪器使用费

544．（　　）是指工程建设过程中聘任监理单位，对工程的质量、进度、安全和投资进行监理所发生的全部费用。

A．工程建设监理费　　B．监理费

C．工程管理费　　D．项目管理费

545．工程监理费是指（　　）招标委托工程监理单位实施工程监理的费用。

A．施工单位　　B．建设单位

C．质量监督单位　　D．国家有关部门

546. 下列费用中不属于工程承包费的是（　　）。

A．组织勘察设计的费用　　B．施工质量监督费用

C．工程监理费用　　D．施工招标费用

547. 根据我国现行建设工程总投资构成规定，工程建设监理费属于（　　）。

A．建筑安装工程费用　　B．工程建设其他费用

C．预备费　　D．设备购置费

548. 建设单位临时设施费在工程造价构成中应属于（　　）。

A．建筑安装工程费　　B．工程建设其他费用

C．间接费　　D．直接费

549. 下列不属于工程建设其他费用的是（　　）。

A．工程监理费　　B．土地使用权出让金

C．联合试运转费　　D．施工单位临时设施费

550. 下列费用中不属于引进技术和进口设备其他费用的是（　　）。

A．进口设备采购保管费　　B．国外工程技术人员来华费用

C．担保费　　D．进口设备检验鉴定费

551. 下列费用中属于与未来企业生产经营有关的其他费用的是（　　）。

A．工程保险费　　B．办公和生活家具购置费

C．进口设备时的出国人员费用　　D．工程承包费

552. 下列费用中不属于生产准备费的是（　　）。

A．生产单位提前进厂参加施工费用

B．保证新建项目初期正常生产所必须购置的办公和生活家具费用

C．生产人员培训费

D．生产单位提前进场参加设备安装的费用

553. 生产单位提前进厂参加施工的费用应属于（　　）。

A．与未来企业生产经营有关的其他费用

B．建筑安装工程费

C．工程承包费

D．建设单位管理费

554. 下列属于工程建设其他费用的有（　　）。

A．联合试运转费　　B．工程排污费

C．设备运杂费　　D．场地清理费

555. 根据我国现行建设工程总投资构成规定，联合试运转费属于（　　）。

A．建筑安装工程费用　　B．工程建设其他费用

C．预备费　　D．设备购置费

556. 下列费用不属于联合试运转费的包括（　　）。

A. 试运转所需的原料、燃料、油料和动力费用

B. 机械使用费

C. 单台设备调试费及试车费用

D. 低值易耗品及其他物品的购置费用

557. 下列对于建设期贷款利息概念的表述正确的是（　　）。

A. 建设期贷款利息是指项目建设期发生的支付银行贷款、出口信贷、债券等的借款利息和融资费用

B. 建设期贷款利息是指项目建设期发生的支付银行贷款、出口信贷等的借款利息和融资费用

C. 建设期贷款利息是指项目建设期发生的支付银行贷款、债券等的借款利息和融资费用

D. 建设期贷款利息是指项目建设期发生的支付银行贷款、出口信贷、债券等的借款利息

558. 建设项目动态投资包括（　　）。

A. 建设期利息　　B. 基本预备费

C. 固定资产投资方向调节税　　D. 增值税

559. 对于建设期贷款利息的估算正确的是（　　）。

A. 根据建设期资金用款计划，当年借款按全年计息，上年借款也按全年计息

B. 根据建设期资金用款计划，当年借款按半年计息，上年借款按全年计息

C. 根据建设期资金用款计划，当年借款按半年计息，上年借款也按半年计息

D. 根据建设期资金用款计划，当年借款按全年计息，上年借款按半年计息

560. 在建设工程投资估算中，建设期贷款利息按（　　）×年利率计算。

A. 年初借款本息累计＋本年借款额　　B. 年初借款本息累计＋去年借款额/2

C. 年初借款本息累计－本年借款额　　D. 年初借款本息累计－本年借款额/2

561. 已知某项目设备购置费为2000万元，工具、器具及生产家具购置费率为5%，建筑安装工程费800万元，工程建设其他费用400万元，若该项目基本预备费率为12%，则基本预备费为（　　）。

A. 384万元　　B. 396万元　　C. 252万元　　D. 240万元

562. 某项目建设期为3年，第一年的建设投资为5000万元，第二年和第三年的建设投资分别为上一年度的40%，建设期年平均价格上涨率为8%，则该项目第二年的涨价预备费应为（　　）。

A. 332.8万元　　B. 540.6万元　　C. 207.8万元　　D. 732.8万元

563. 某工程投资中，设备、建筑安装和工程建设其他费用分别为600万元、1000万元和400万元，基本预备费率为7%。投资建设期两年投资额分别为60%和40%。预计年均投资价格上涨8%，则该工程的涨价预备费为（　　）。

A．229.12 万元　　B．96 万元　　C．245.16 万元　　D．133.12 万元

564．某建设项目，建设期为 2 年，各年投资计划额如下：第一年投资 1000 万元，第二年投资 500 万元，若年均投资价格上涨率为 5%，则该项目建设期间涨价预备费为（　　）。

A．75 万元　　B．100 万元　　C．105.75 万元　　D．101.25 万元

565．某建设项目，建设期为 3 年，分年均衡进行贷款，第一年贷款 300 万元，第二年贷款 800 万元，第三年贷款 400 万元，若年利率为 8%，则该项目第三年建设期贷款利息为（　　）。

A．32 万元　　B．109.52 万元　　C．129.11 万元　　D．103.88 万元

566．某新建项目，建设期为 3 年，分年均衡进行贷款，第一年贷款 800 万元，第二年贷款 1000 万元，第三年贷款 500 万元，年利率为 10%，建设期内只计息不支付，则该项目建设期贷款利息为（　　）。

A．396.4 万元　　B．524.8 万元　　C．222.4 万元　　D．256.8 万元

567．某建设项目，建设期为 2 年，第一年贷款 500 万元，第二年贷款 700 万元，贷款年利率为 12%，用复利法计算该建设期贷款利息为（　　）。

A．135.6 万元　　B．105.6 万元　　C．211.1 万元　　D．151.2 万元

568．已知某项目设备及工、器具购置费为 1000 万元，建筑安装工程费 580 万元，工程建设其他费用 240 万元，基本预备费 150 万元，涨价预备费 50 万元，建设期贷款 500 万元，建设期贷款利息 80 万元，项目正常生产年份流动资产平均占用额为 350 万元，流动负债平均占用额为 280 万元，则该建设项目总投资为（　　）。

A．2170 万元　　B．2450 万元　　C．2670 万元　　D．2950 万元

569．某建设项目投资构成中，设备及工、器具购置费为 2000 万元，建筑安装工程费用为 1000 万元，工程建设其他费用为 500 万元，预备费用为 200 万元，建设期贷款为 1800 万元，应计利息 80 万元，流动资金贷款 400 万元，则该建设项目的工程造价为（　　）。

A．5980 万元　　B．5580 万元　　C．3780 万元　　D．4180 万元

570．设备、工器具费用是由设备购置费用和工器具、（　　）组成的，它是固定资产投资中的积极部分。

A．生活用具购置费用　　B．生产用具购置费用

C．生活家具购置费用　　D．生产家具购置费用

571．设备购置费包括（　　）。

A．设备原价、运杂费和采购及保管费

B．设备原价、运输保险费和采购及保管费

C．设备原价、运杂费

D．设备原价、运杂费、运输保险费和采购及保管费

572．设备购置费的组成为（　　）。

A．设备原价＋采购保管费　　B．设备原价＋运费＋装卸费

C．设备原价＋运费＋采购保管费　　D．设备原价＋设备运杂费

573．工程造价的计价依据按用途可分为七大类，其中计算设备费的依据是（　　）。

A．各项工程建设其他费用金额等　　B．设备价格、运杂费率等

C．间接费定额　　D．概算指标、概算定额、预算定额

574．设备及工器具费不包括（　　）。

A．设备购置费　　B．工器具购置费

C．管理费　　D．生产家具购置费

575．设备、工器具费用的组成不包括（　　）。

A．工器具购置费用　　B．生产家具购置费用

C．设备安装费　　D．设备购置费用

576．下列价格中不能作为国产设备原价的是（　　）。

A．交货价　　B．合同价　　C．成本价　　D．供应商报价

577．进口设备的交货方式不包括（　　）。

A．内陆交货类　　B．目的地交货类

C．装运港交货类　　D．运抵港交货类

578．进口设备的交货方式不包括（　　）。

A．厂地交货类　　B．装运港交货类

C．内陆交货类　　D．目的地交货类

579．在进口设备的贸易过程中，卖方一般不愿采用的方式是（　　）。

A．目的地交货类　　B．内陆交货类

C．装运港交货类　　D．到达港交货类

580．我国进口设备采用最多的一种货价是（　　）。

A．离岸价格　　B．运费在内价

C．运费和保险费在内价　　D．原价

581．我国进口设备采用最多的一种货价是（　　）。

A．装运港船上交货价（FOB）　　B．目的港船上交货价（FOS）

C．离岸价加运费（C&F）　　D．到岸价（CIF）

582．进口设备离岸价格指的是（　　）。

A．CIF　　B．C&F　　C．FOB　　D．FAS

583．下列价格中与离岸价含义相同的价格是（　　）。

A．运费、保险费在内价　　B．CIF

C．装运港船上交货价　　D．关税完税价格

584. CIF 表示的是进口设备的（　　）。

A. 离岸价　　B. 目的港船边交货价

C. 离岸运输价　　D. 到岸价

585. 下列名称中与 CIF 含义不一致的是（　　）。

A. 运费、保险费在内价　　B. 装运港船上交货价

C. 到岸价　　D. 关税完税价格

586. 下列费用中不属于到岸价的是（　　）。

A. 银行财务费　　B. FOB　　C. 运输保险费　　D. 国际运费

587. 进口设备的原价是指（　　）。

A. 离岸价　　B. 抵岸价　　C. 到岸价　　D. 完税价

588. 当计算进口设备运杂费时，取费基数为进口设备（　　）。

A. 抵岸价　　B. 离岸价　　C. 到岸价　　D. 中间价

589. 下列项目中可能包含包装费的是（　　）。

A. 运费　　B. 供销部门手续费

C. 采购与仓库保管费　　D. 设备原价

590. 设备运杂费指设备由厂家运至（　　）所发生的一切运杂费用。

A. 工地仓库　　B. 卸货地点

C. 工地安装现场　　D. 合同规定地点

591. 在建筑安装工程费用组成中，设备运杂费的构成是（　　）。

A. 运输费　　B. 监管费　　C. 包装费　　D. 采保费

592. 在建筑安装工程费用组成中，设备运杂费的构成是（　　）。

A. 包装费　　B. 装卸费　　C. 采保费　　D. 监管费

593. 设备运杂费的构成内容不包括（　　）。

A. 运费　　B. 包装费

C. 设备供销部门手续费　　D. 运输保险费

594. 按我国现行规定，设备运杂费取费基础为（　　）。

A. 设备原价　　B. 运费　　C. 到岸价格　　D. 运输保护费

595. 进口设备运杂费中运输费的运输区间是指（　　）。

A. 出口国供货地至进口国边境港口或车站

B. 出口国的边境港口或车站至进口国的边境港口或车站

C. 进口国的边境港口或车站至工地仓库

D. 出口国的边境港口或车站至工地仓库

596. 设备进口的关税计算公式为（　　）。

A．关税＝离岸价格×进口关税税率　　B．关税＝到岸价格×进口关税税率
C．关税＝原货币价×进口关税税率　　D．关税＝货价×进口关税税率

597．进口设备外贸手续费＝（　　）×人民币外汇牌价×外贸手续费率。
A．到岸价　　B．离岸价　　C．出厂价　　D．组成计税价格

598．进口某设备，已知装运港船上交货价为 500 万美元，国际运费率为 7.5%，运输保险费率为 4%，关税税率为 15%，增值税率为 17%，消费税税率为 10%，则该设备的关税完税价格为（　　）人民币。（1 美元＝8.10 元人民币）
A．6780 万元　　B．6102 万元　　C．4535 万元　　D．5215 万元

599．下列属于直接费的有（　　）。
A．间接费　　B．税金　　C．直接工程费　　D．企业利润

600．组成直接费的是直接工程费和（　　）。
A．措施费　　B．人工费　　C．材料费　　D．施工机械使用费

601．直接费包括（　　）。
A．直接工程费、措施费
B．人工费、材料费、机械使用费
C．直接工程费、其他直接费、现场经费
D．直接工程费、间接费、企业利润

602．下列属于直接费的有（　　）。
A．间接费　　B．人工费　　C．规费　　D．企业利润

603．直接费不包括（　　）。
A．直接工程费　　B．措施费　　C．企业管理费　　D．材料费

604．在下列各项费用中，不属于直接费的是（　　）。
A．施工单位搭设的临时设施费　　B．夜间施工费
C．技术开发费　　D．二次搬运费

605．下列项目中不属于建筑安装工程费中直接费的是（　　）。
A．脚手架搭拆人员的人工费　　B．现场施工人员的失业保险费
C．已完工程设备保护所消耗的人工费　　D．搭建临时设施所消耗的人工费

606．（　　）指施工过程中耗费的构成工程实体和有助于工程形成的各项费用。
A．人工费　　B．材料费　　C．直接工程费　　D．直接费

607．直接工程费包括（　　）。
A．直接费、间接费、措施费　　B．人工费、材料费、机械使用费
C．直接费、企业管理费、规费　　D．直接费、间接费、企业利润

608．根据《建筑安装工程费用项目组成》（建标〔2003〕206 号），人工费属于（　　）。

A．直接工程费　B．措施费　C．企业管理费　D．规费

609．根据《建筑安装工程费用项目组成》（建标〔2003〕206号），材料费属于（　　）。

A．直接工程费　B．措施费　C．企业管理费　D．规费

610．根据《建筑安装工程费用项目组成》（建标〔2003〕206号），施工机械使用费属于（　　）。

A．直接工程费　B．措施费　C．企业管理费　D．规费

611．下列属于直接工程费的有（　　）。

A．税金　B．间接费　C．人工费　D．企业利润

612．下列属于直接工程费的有（　　）。

A．间接费　B．税金　C．材料费　D．企业利润

613．下列属于直接工程费的有（　　）。

A．间接费　B．税金　C．机械使用费　D．企业利润

614．下列属于建筑安装工程费用中的直接工程费的是（　　）。

A．人工费和材料费　B．环境保护费

C．临时设施费　D．企业管理费

615．下列属于建筑安装工程费用中的直接工程费的是（　　）。

A．环境保护费　B．施工机械使用费

C．临时设施费　D．企业管理费

616．以下各项费用中，属于建筑安装工程直接工程费的是（　　）。

A．模板及支架费　B．临时设施费

C．施工排水、降水费　D．材料检验试验费

617．下列各项费用中，属于建筑安装工程费中直接工程费的是（　　）。

A．环境保护所消耗的材料费

B．文明施工所消耗的材料费

C．安全施工所消耗的材料费

D．建筑安装物一般鉴定、检查所发生的费用

618．下列建筑安装工程费用中，应列入直接工程费的是（　　）。

A．施工机械的安拆费及场外运输费　B．夜间施工增加费

C．新材料试验费　D．施工排水和降水费

619．建筑安装工程费用中，直接工程费不包括（　　）。

A．人工费　B．施工机械使用费

C．材料费　D．措施费

620．我国工料单价法的建筑安装工程造价由直接工程费、间接费、利润和税金构成。其中直接工程费不包括（　　）。

A．人工费和材料费 B．施工机械使用费
C．临时设施费和现场管理费 D．企业管理费

621．下列不属于建筑安装直接工程费的是（　　）。
A．安全施工费 B．夜间施工费
C．二次搬运费 D．固定资产使用费

622．直接工程费的各项费用中计算公式不正确的是（　　）。
A．人工费＝Σ（工日消耗量×日工资单价）
B．材料费＝Σ（材料消耗量×材料基价）
C．施工机械使用费＝Σ（施工机械台班消耗量×机械台班单价）
D．日基本工资＝生产工人平均年工资/年平均法定工作日

623．直接工程费中的人工费是指（　　）。
A．施工现场所有人员的工资性费用
B．施工现场于建筑安装施工直接有关的人员的工资性费用
C．从事建筑安装施工的生产工人及机械操作人员开支的各项费用
D．直接从事建筑安装工程施工的生产工人开支的各项费用

624．根据我国现行建筑安装工程费用项目组成的规定，直接从事建筑安装工程施工的生产工人的福利费应计入（　　）。
A．人工费 B．规费 C．企业管理费 D．现场管理费

625．根据现行部颁规定，人工费由（　　）组成。
A．基本工资、辅助工资、工资附加费和劳动保护费
B．基本工资、津贴和辅助工资
C．基本工资、辅助工资、工资性津贴、职工福利费和劳动保护费
D．基本工资、岗位工资和绩效工资

626．根据《建筑安装工程费用项目组成》（建标〔2003〕206号），下列属于直接工程费中人工费的是（　　）。
A．6个月以上的病假人员工资 B．装卸司机工资
C．公司质量监督人员工资 D．电焊工产、婚假期的工资

627．下列费用中属于人工单价组成内容的有（　　）。
A．生产工人的劳保福利费 B．管理人员的工会经费和职工教育经费
C．现场管理人员的工资 D．生产工人退休后的退休金

628．下列费用中属于人工单价组成内容的有（　　）。
A．生产工人退休后的退休金
B．现场管理人员的工资
C．管理人员的工会经费和职工教育经费
D．生产工人辅助工资

629. 下列费用项目中，属于人工费是的（　　）。

A. 生产工人学习期间的工资　　B. 生产工人病假在 6 个月以上的工资

C. 生产工人探亲路费　　D. 管理人员的基本工资

630. 人工费指直接从事建筑安装工程施工的生产工人开支的各项费用，不包括（　　）。

A. 基本工资　　B. 辅助工资　　C. 工资性津贴　　D. 标准工资

631. 直接工程费中的人工费不包括（　　）。

A. 生产工人学习培训期间的工资　　B. 生产工人调动工作期间的工资

C. 生产工人病假 6 个月以上的工资　　D. 生产工人婚假期间的工资

632. 在下列项目中，建筑安装工程人工工资单价组成内容不包括（　　）。

A. 基本工资　　B. 流动施工津贴

C. 防暑降温费　　D. 工人病假 6 个月以上工资

633. 建筑安装工人的日工资综合单价不包括（　　）。

A. 生产工人基本工资　　B. 生产工人附加工资

C. 职工福利费　　D. 办公费

634. 下列不属于直接费中人工费的是（　　）。

A. 基本工资　　B. 辅助工资

C. 工资性补贴　　D. 材料保管员工资

635. 下列不属于直接工程费中人工费的是（　　）。

A. 生产工人劳动保护费　　B. 劳动保险费

C. 工资性补贴　　D. 职工福利费

636. 按照《建筑安装工程费用项目组成》（建标〔2003〕206 号），下列费用不属于人工费组成的是（　　）。

A. 流动施工津贴　　B. 劳动保险费

C. 产假、婚假、丧假假期工资　　D. 防暑降温费

637. 根据现行部颁规定，下列工资中不属于生产工人辅助工资的是（　　）。

A. 职工学习、培训期间工资　　B. 探亲、休假期间的工资

C. 6 个月以上病假人员的工资　　D. 因气候影响停工的工资

638. 在建筑安装工程费用组成中，不属于生产工人辅助工资的是（　　）。

A. 职工学习、培训期间的工资

B. 因气候影响的工资

C. 徒工服装补贴、防暑降温费

D. 病假在 6 个月以内的工资及产假、婚假、丧假假期的工资

639. 下列不属于基本工资中年应工作天数内非作业天数的是（　　）。

A. 探亲、休假　　B. 职工开会学习

C．病假在 6 个月以内的　　　　　D．病假在 6 个月以外的

640．《建筑安装工程费用项目组成》（建标〔2003〕206 号）规定，调动工作、探亲、休假期间的工资属于（　　）。

A．基本工资　　B．工资性补贴　　C．辅助工资　　D．职工福利费

641．根据《建筑安装工程费用项目组成》（建标〔2003〕206 号），施工津贴属于（　　）。

A．基本工资　　B．工资性补贴　　C．职工福利费费　　D．辅助工资

642．在间接费用中，不属于劳动保险费的是（　　）。

A．职工病假 8 个月期间的工资　　B．异地安家补助费

C．职工退职金　　D．危险作业意外伤害保险费

643．不影响建筑安装工人人工单价的因素有（　　）。

A．社会平均工资水平　　B．人工消耗水平

C．生活消费指数　　D．劳动力市场供需变化

644．材料费指用于建筑安装工程项目上的（　　）。

A．消耗性材料费

B．装置性材料费

C．周转性材料摊销费

D．消耗性材料费、装置性材料费和周转性材料摊销费

645．材料预算价格是指（　　）。

A．材料采购价

B．现场材料签证价

C．材料原价、运杂费、采保费之和

D．材料从其来源地到达施工工地仓库后的出库价格

646．材料预算价格是指材料从其来源地到达（　　）的价格。

A．工地　　B．施工操作地点

C．工地仓库　　D．工地仓库以后出库

647．材料预算价格是指材料由其交货地运到（　　）后的价格。

A．指定地点　　B．施工工地

C．施工工地仓库　　D．施工工地仓库出库

648．材料预算价格是指工程材料由来源地到达工地仓库后的（　　）。

A．销售价格　　B．出库价格　　C．市场价格　　D．信息价格

649．材料预算价格一般包括（　　）。

A．材料原价、包装费、运杂费、运输保险费和采购及保管费 5 项

B．材料原价、运杂费、运输保险费和采购及保管费 4 项

C．材料原价、包装费、运输保险费和采购及保管费 4 项

D．材料原价、包装费、运杂费和采购及保管费 4 项

650．下列不属于材料预算价格的费用是（　　）。

A．材料原价　　B．材料包装费

C．材料采购保管费　　D．新型材料实验费

651．不属于材料预算价格的是（　　）。

A．检验试验费　　B．采购及保管费

C．材料原价　　D．场内运输费

652．按照《建筑安装工程费用项目组成》（建标〔2003〕206 号），下列不属于材料费的组成内容的是（　　）。

A．运输损耗费　　B．检验试验费

C．二次搬运费　　D．采购及保管费

653．按照《建筑安装工程费用项目组成》（建标〔2003〕206 号），下列各项中不属于建筑安装工程材料费的有（　　）。

A．原价　　B．运杂费

C．检验试验费　　D．二次搬运费

654．下列费用中不属于材料费的是（　　）。

A．材料运杂费　　B．运输损耗费

C．工地保管费　　D．二次搬运费

655．材料费不包括（　　）。

A．运杂费　　B．二次搬运费

C．运输损耗费　　D．检验试验费

656．材料预算价格中的供应价格不包含的内容是（　　）。

A．材料进货费　　B．材料包装费

C．供销部门手续费　　D．材料装卸费

657．材料预算价格中的供应价格不包含的内容是（　　）。

A．材料进货费　　B．包装品押金

C．材料包装费　　D．供销部门手续费

658．不属于材料费的内容是（　　）。

A．材料原价　　B．燃料动力费

C．材料运杂费　　D．运输损耗费

659．预算定额中的建筑材料、成品、半成品价格不包括（　　）。

A．采购保管损耗　　B．场外运输损耗

C．施工操作损耗　　D．仓库保管损耗

660．预算定额中的建筑材料、成品、半成品价格不包括（　　）。

A．场内运输损耗　　B．场外运输损耗

C．仓库保管损耗　　D．采购保管损耗

661．检验试验费不包括（　　）的试验费和建设单位要求对具有出厂合格证明的材料进行试验、对构件进行破坏性试验，以及其他特殊要求检验试验的费用。

A．新结构、新产品　　B．新材料、半成品

C．新结构、新材料　　D．新产品、成品

662．检验试验费指对建筑材料、构件和建筑安装物进行一般（　　）所发生的费用。

A．检查、试验　　B．鉴定、检查

C．鉴定、试验　　D．鉴定、检查及试验

663．检验试验费指对（　　）进行一般鉴定、检查所发生的费用。

A．建筑构件和建筑安装物　　B．建筑材料和建筑安装物

C．建筑材料、构件和建筑安装物　　D．建筑构件及建筑材料

664．材料费中的检验试验费是指对建筑材料、构件和建筑安装物进行一般鉴定、检查所发生的费用，包括（　　）。

A．建设单位对具有出厂合格证明的材料进行检验的费用

B．新结构、新材料的试验费

C．自设试验室进行试验所耗用的材料和化学药品等费用

D．对构件做破坏性试验及其他特殊要求检验试验的费用

665．材料费中的检验试验费是指对建筑材料、构件和建筑安装物进行一般鉴定、检查所发生的费用，包括（　　）。

A．建设单位对具有出厂合格证明的材料进行检验的费用

B．新结构、新材料的试验费

C．采购、供应和保管材料过程中的费用

D．对构件做破坏性试验及其他特殊要求检验试验的费用

666．在建筑安装施工过程中，对建筑材料、构配件进行一般性鉴定、检查所发生的费用属于（　　）。

A．检验试验费　　B．研究试验费　　C．间接费　　D．现场管理费

667．在施工现场，对建筑材料、构件进行一般性鉴定，检查所发生的费用列入（　　）。

A．检验试验费　　B．研究试验费　　C．间接费　　D．现场经费

668．检验试验费包括（　　）。

A．自设试验室进行试验所耗用的材料和化学药品费用

B．新结构、新材料的试验费

C．建设单位对具有出厂合格证明的材料进行检验的费用

D．对构件做破坏性试验的费用

669．按照《建筑安装工程费用项目组成》（建标〔2003〕206号），对建筑材料、构件和建筑安装物进行一般鉴定和检查所发生的费用属于（　　）。

A．其他直接费　　B．现场经费　　C．研究试验费　　D．直接工程费

670．下列费用中不属于直接工程费中检验试验费的是（　　）。

A．建筑材料一般鉴定、检查所发生的费用

B．设备一般鉴定、检查所发生的费用

C．构件一般鉴定、检查所发生的费用

D．建筑物一般鉴定、检查所发生的费用

671．材料运杂费指材料从指定交货地点运至（　　）。

A．工地分仓库所发生的费用

B．工地分仓库或相当于工地分仓库（材料堆放场）所发生的全部费用

C．工地分仓库（材料堆放场）所发生的费用

D．材料堆放场所发生的全部费用

672．在建筑安装工程费用组成中，构成设备运杂费的是（　　）。

A．运输费　　B．包装费　　C．采保费　　D．监管费

673．材料运输损耗费是以（　　）乘以相应材料损耗率来确定的。

A．供应价　　B．材料原价

C．材料原价＋材料运杂费　　D．供应价＋运输费

674．材料的场外运输损耗包含在（　　）内。

A．材料原价　　B．运杂费　　C．保管费　　D．采购费

675．材料采购及保管费指材料在（　　）过程中所发生的各项费用。

A．采购、运输和保管　　B．采购、供应和保管

C．采购、供应和运输　　D．采购和保管

676．根据我国现行建筑安装工程费用项目组成的规定，工地现场材料采购人员的工资应计入（　　）。

A．人工费　　B．材料费　　C．现场经费　　D．企业管理费

677．材料采购保管费不包括（　　）。

A．工地保管费　　B．材料采购费用

C．材料仓储费　　D．材料运输费

678．下列费用中不属于材料基价中采购及保管费的是（　　）。

A．装卸费　　B．仓储费　　C．工地管理费　　D．仓储损耗

679．材料采购及保管费，是以（　　）乘以一定费率计算的。

A．供应价＋运输费　　B．供应价＋运输损耗

C．供应价　　D．材料运到工地仓库价格

680．对材料预算价格变动无影响的因素为（　　）。
A．材料生产成本　　B．市场需求情况
C．材料的消耗水平　　D．运输距离及方式

681．材料市场信息价的计算公式是（　　）。
A．材料市场信息价＝（市场供应价＋进货费）×（1＋供销部门经营费率）
B．材料市场信息价＝（市场供应价＋运杂费）×（1＋采购保管费率）
C．材料市场信息价＝（预算供应价＋运杂费）×（1＋采购保管费率）
D．材料市场信息价＝（材料原材＋进货费）×（1＋供销部门经营费率）

682．在建筑工程申，材料费约占总造价的（　　）。
A．40%～50%　　B．50%～60%　　C．60%～70%　　D．70%～80%

683．某施工项目部为某工程施工购买水泥，从甲单位购买水泥 100t，单价为 280 元/t；从乙单位购买水泥 100t，单价为 260 元/t；从丙单位购买水泥 200t，单价为 240 元/t，该水泥的材料原价为（　　）。
A．260 元/t　　B．255 元/t　　C．280 元/t　　D．240 元/t

684．已知一批材料的原价为 100 万元，其中含包装费 10 万元。运杂费 15 万元，其中含包装费 3 万元，运输损耗率为 2%，则运输损耗为（　　）。
A．2.00 万元　　B．1.80 万元　　C．2.3 万元　　D．2.04 万元

685．已知材料原价为 100 元，运杂费为 10 元，运输损耗费为 10 元，采购及保管费率为 30%，材料采购及保管费为（　　）。
A．30 元　　B．36 元　　C．6 元　　D．3 元

686．某袋装水泥原价为 350 元/t，供销部门手续费费率为 4%，运杂费 18 元/t，二次运输费 5 元/t，运输损耗率为 1%，采购保管费率为 2%，则每吨水泥采购保管费为（　　）。
A．7.00 元　　B．7.36 元　　C．7.43 元　　D．7.71 元

687．不应该计入人工工资单价的费用是（　　）。
A．劳动保险费　　B．职工福利费　　C．劳动保护费　　D．工资性补贴

688．某工程需采购特种钢材 10t，出厂价为 5000 元/t；供销手续费率 1%，材料运输费 50 元/t，运输损耗率 2%，采购及保管费率为 8%，则该特种钢材的预算价为（　　）。
A．56160 元　　B．54000 元　　C．56000 元　　D．56040 元

689．某工程购置水泥 50t；供应价为 320 元/t，运输费为 20 元/t，运输损耗费为 3 元/t，采购及保管费率为 3%，运输包装费共为 300 元，包装品回收值共为 100 元，则 50t 水泥的预算价格共计为（　　）。
A．17873.5 元　　B．17830.0 元　　C．33014.5 元　　D．562.3 元

690. 某材料原价为 400 元/t，供销部门手续费为 1%，运输中不需包装，运输费为 40 元/t，采购及保管费各为 1%，则该材料预算价格为（　　）。

A．440 元/t　　B．444 元/t　　C．448.44 元/t　　D．452.88 元/t

691. 已知 $1m^3$C25 混凝土含 32.5 级水泥 470kg，中砂 0.682t，碎石 1.176t，水 $0.21m^3$；水泥预算价为 0.28 元/kg，中砂预算价为 38.00 元/t，碎石预算价为 27.80 元/t，水预算价为 2.80 元/m^3，该 $1m^3$ 混凝土的材料预算价为（　　）。

A．190.21 元　　B．190.8 元　　C．280.00 元　　D．345.80 元

692. 某种材料价为 145/t，不需包装，运输费为 37.28 元/t，运输损耗为 14.87 元/t，采购及保管费率为 2.5%，则该材料预算价格为（　　）。

A．201.15 元/t　　B．201.71 元/t　　C．200.78 元/t　　D．202.08 元/t

693. 根据《建筑安装工程费用项目组成》（建标〔2003〕206 号）：已知某材料供应价格为 50000 元，运杂费 5000 元，采购保管费率 1.5%，运输损耗率 2%，则该材料的基价为（　　）。

A．5.177 万元　　B．5.085 万元　　C．5.618 万元　　D．5.694 万元

694. 某工程需要某种材料 1000t，经调查有甲、乙两个供货地点，甲地出厂价格 35 元/t，可供需要量的 54%，甲地距施工地点 20km；乙地出厂价格 38 元/t，可供需要量的 46%，乙地距施工现场 18km。已知该地区汽车运输费为 0.2 元/（t·km），装卸费 2.1 元/t，调车费 0.9 元/t，运输损耗率为 5%，采购及保管费率为 2.5%，则该种材料的基价为（　　）。

A．47.08 元/t　　B．47.48 元/t　　C．44.25 元/t　　D．45.22 元/t

695. 某装修公司采购一批花岗石，运至施工现场，已知该花岗石出厂价为 1000 元/m^2，由花岗石生产厂家业务员在施工现场摊销并签订合同，包装费 4 元/m^2，运杂费 30 元/m^2，当地供销部门手续费率为 1%，当地造价管理部门规定材料采购及保管的费率为 1%，该花岗石的预算价格为（　　）。

A．1034 元/m^2　　B．1054.68 元/m^2

C．1054.44 元/m^2　　D．1044.34 元/m^2

696. 某施工企业施工时使用自有钢模板，已知一次使用量为 $1000m^2$，每平方米钢模板价格为 85 元，若钢模板可使用 25 次，补损率为 4%，施工损耗为 4%，同时不考虑支、拆、运输费，则钢模板费为（　　）。

A．85000 元　　B．5233 元　　C．4000 元　　D．5900 元

697. 下列费用不属于机械台班单价组成的是（　　）。

A．大型机械进退场费　　B．折旧费

C．大修理及经常修理费　　D．机上人工及燃料动力费

698. 按照《建筑安装工程费用项目组成》（建标〔2003〕206 号），下列各项中不属于建筑安装工程施工机械使用费的有（　　）。

A．折旧费　　　　　　　　　　　　B．大修理费
C．大型机械设备进出场及安拆费　　D．经常维修费

699．机械台班单价的组成内容不包括（　　）。
A．施工机械迁移费　　　　　　　　B．大修理费
C．经常修理费　　　　　　　　　　D．折旧费

700．机械台班单价组成内容不包括（　　）。
A．机械租赁费　　　　　　　　　　B．机械折旧费
C．机械经常修理费　　　　　　　　D．机械燃料动力费

701．施工机械台班单价组成的内容不包括（　　）。
A．预算价格　　　　　　　　　　　B．大修理费
C．经常修理费　　　　　　　　　　D．安拆费及场外运输费

702．下列费用中（　　）不属于施工机械台班单价的费用。
A．操作人员人工费　　　　　　　　B．养路费及车船使用税
C．大修理费　　　　　　　　　　　D．机械保险费

703．施工机械台班单价的主要内容不包括（　　）。
A．台班折旧费　　　　　　　　　　B．台班大修理费
C．施工机械运杂费　　　　　　　　D．人工费

704．下列不属于直接工程费中施工机械使用费的是（　　）。
A．折旧费　　B．大修理费　　C．燃料动力费　　D．差旅交通费

705．在计算施工机械的台班单价时，不需要考虑（　　）。
A．台班折旧费　　B．台班养路费　　C．原材料费　　D．台班人工费

706．作为取费基数的机械费中不包括（　　）。
A．折旧费　　　　　　　　　　　　B．大修理费
C．经常修理费　　　　　　　　　　D．大型机械设备安拆费

707．根据现行部颁规定，施工机械台时费由（　　）组成。
A．第一类费用　　　　　　　　　　B．第一类和第二类费用
C．第一类～第三类费用　　　　　　D．第一类～第四类费用

708．与台班折旧费计算无关的是（　　）。
A．残值率　　　　　　　　　　　　B．物价上涨系数
C．耐用总台数　　　　　　　　　　D．时间价值系数

709．在计算台班折旧费时需要考虑时间价值系数，它是指（　　）。
A．购置施工机械的资金在其使用期内所支付的利息
B．购置施工机械的资金在其使用期内的投资回报
C．购置施工机械的资金在施工生产过程中随着时间的推移而产生的单位增值

D．购置施工机械的资金在其使用期内按复利考虑的时间价值

710．机械的大修周期和寿命期大修理次数的关系是（　　）。

A．大修周期＝寿命期大修理次数　　B．大修周期＝寿命期大修理次数－1

C．大修周期＝寿命期大修理次数＋1　　D．无法确定

711．为保障机械正常运输所需替换设备，随机工具器具的摊销费用，属于（　　）。

A．工具用具使用费　　B．经常修理费

C．折旧费　　D．大修理费

712．机上司机的工作日人工费包含在（　　）中。

A．人工费　　B．机械费

C．施工技术措施费　　D．施工组织措施费

713．机上司炉的基本工资和其他工资津贴计入（　　）。

A．人工费　　B．机械费　　C．企业管理费　　D．间接费

714．操作机械的司机的工资属于（　　）。

A．直接工程费中的人工费　　B．企业管理费中的管理人员工资

C．施工机械使用费中的人工费　　D．劳动保险费

715．在一建筑工地上，驾驶推土机的司机的基本工资和工资性津贴应从（　　）支出。

A．财务费用　　B．企业管理费

C．机械台班单价　　D．人工单价

716．施工机械台班单价中第二类费用的计算包括（　　）。

A．折旧费　　B．大修理费　　C．经常维修费　　D．燃料动力费

717．某机械设备预算价格为300万元，残值率为4%，折旧年限为10年，年平均工作台班为220台班。采用平均折旧日法计算，其台班折旧费应为（　　）。

A．13636.4元　　B．13090.9元　　C．1309.1元　　D．1363.6元

718．某建筑机械耐用总台班数为2000台班，使用寿命为7年，该机械预算价格为5万元，残值率为2%，银行贷款利率为5%，则该机械台班折旧费为（　　）。

A．29.40元/台班　　B．28.79元/台班

C．25.73元/台班　　D．24.50元/台班

719．某机械预算价格为20万元，耐用总台班为4000台班，大修理间隔台班为800台班，一次大修理费为4000元，则台班大修理费为（　　）。

A．1元　　B．2.5元　　C．4元　　D．5元

720．某施工机械预计使用8年，一次大修理费为4500元，寿命周期大修理次数为2次，耐用总台班为2000台班，则台班大修理费为（　　）。

A．6.75元　　B．4.50元　　C．0.84元　　D．0.56元

721. 某施工机械预计使用 8 年，耐用总台班数为 2000 台班，使用期内有 3 个大修周期，一次大修理费为 4500 元，则台班大修理费为（　　）。

A．0.56 元　　B．0.84 元　　C．4.05 元　　D．6.75 元

722. 某运输设备预算价格 38 万元，年工作 220 台班，折旧年限 8 年，寿命期大修理 2 次，一次大修理费为 3 万元，$K=3$，该机械台班经常修理费为（　　）。

A．124.48 元/台班　B．98.36 元/台班　C．102.27 元/台班　D．103.69 元/台班

723. 某施工机械年工作 320 台班，年平均安拆 0.85 次，机械一次安拆费 28000 元，台班辅助设施费为 90 元，则该施工机械的台班安拆费为（　　）。（结果保留两位小数）

A．74.38 元　　B．102.94 元　　C．164.38 元　　D．177.50 元

724. 下列费用属于措施费用的是（　　）。

A．材料二次搬运费　　B．联合试运转费

C．设备运杂费　　D．差旅交通费

725. 我国现行建筑安装工程费用构成中，材料二次搬运费应计入（　　）费。

A．直接工程　　B．措施　　C．现场管理　　D．间接

726. 我国现行建筑安装工程费用构成中，材料的二次搬运费应计入（　　）。

A．直接工程费　　B．措施费　　C．企业管理费　　D．规费

727. 按《建筑工程量清单计价规范》(GB 50500—2008)计价，脚手架的费用应该计入(　　)。

A．分部、分项工程项目费　　B．措施项目费

C．材料费　　D．其他项目费

728. 大型机械在施工现场进行安装所需的人工费属于（　　）。

A．人工费　　B．机械费

C．施工技术措施费　　D．施工组织措施费

729. 根据《建筑安装工程费用项目组成》（建标〔2003〕206 号），大型机械进出场费用费用，应计入（　　）。

A．直接工程费　　B．措施费　　C．企业管理费　　D．规费

730. 根据《建筑安装工程费用项目组成》((建标〔2003〕206 号)，大型机械设备进出场及安拆费中的辅助设施费用应计入（　　）。

A．直接费　　B．间接费

C．施工机械使用费　　D．措施费

731. 夜间施工增加费是指因夜间施工所发生的夜间补助费、夜间施工照明设备摊销、照明用电及（　　）等费用。

A．夜间补助费　　B．夜间施工降效

C．夜间劳保费　　D．安全措施费

732. 根据《建筑安装工程费用项目组成》(建标〔2003〕206 号)，夜间施工增加费属于(　　)。

A．直接工程费　B．措施费　C．企业管理费　D．规费

733．在清单计价中，安全文明施工费属于（　）。
A．间接费　B．规费　C．措施费　D．企业管理费

734．根据《建筑安装工程费用项目组成》（建标〔2003〕206 号），临时设施费属于（　）。
A．直接工程费　B．措施费　C．企业管理费　D．规费

735．施工企业为进行建筑施工所必须搭设的生活用构筑物所需的费用属于（　）。
A．施工技术措施费　B．安全施工费
C．临时设施费　D．企业管理费

736．按照现行的规定，施工单位所需的临时设施搭建费属于（　）。
A．直接工程费　B．措施费
C．企业管理费　D．工程建设其他费

737．在建筑安装工程费用项目组成中临时设施费用内容不包括（　）费用。
A．临时设施的搭设　B．照明设施的搭设
C．临时设施的维修　D．临时设施的拆除

738．根据《建筑安装工程费用项目组成》（建标〔2003〕206 号），工程点交、竣工场地清理属于（　）。
A．直接工程费　B．措施费　C．企业管理费　D．规费

739．下列属于可竞争费用的是（　）。
A．现场安全文明施工措施费　B．临时设施费、二次搬运费
C．工程定额测定费　D．安全生产监督费

740．根据我省清单计价法的规定，（　）不属于措施项目费的内容。
A．环境保护费　B．低值易耗品摊销费
C．临时设施费　D．脚手架费

741．下列费用不属于属于措施费的是（　）。
A．环境保护费　B．工程排污费
C．二次搬运费　D．临时设施费

742．在建筑安装工程费用项目组成中，下列不属于措施费的是（　）。
A．施工排水、降水费　B．夜间施工费
C．工程排污费　D．文明施工费

743．在下列费用中不属于建安工程措施费范围的有（　）。
A．文明施工费　B．工程排污费
C．材料二次搬运费　D．夜间施工增加费

744．下列费用中属于不建筑安装工程措施费范围（　）。

A. 脚手架　　B. 构成工程实体的材料费
C. 材料二次搬运费　　D. 施工排水、降水费

745. 下列费用中不属于措施费的是（　　）。
A. 检验试验费　　B. 二次搬运费
C. 已完工程保护费　　D. 施工排水、降水费

746. 下列关于措施费的阐述，不正确的是（　　）。
A. 可以发生在工程施工前　　B. 可以发生在工程施工过程中
C. 是非工程实体项目的费用　　D. 可以是工程实体项目的费用

747. 下列关于措施费的阐述，不正确的是（　　）。
A. 可以发生在工程施工前　　B. 可以发生在工程施工过程中
C. 是非工程实体项目的费用　　D. 可以发生在施工结束之后

748. 关于措施项目费的构成，下列描述中错误的是（　　）。
A. 投标人应根据措施项目清单中列示的项目名称和工程量计算措施项目费
B. 措施项目费均为合价
C. 措施项目费由人工费、材料费、机械费、管理费、利润等组成，并考虑风险费用
D. 措施项目费的构成与分部、分项工程单价构成类似

749. 措施项目组价的方法一般有（　　）。
A. 用综合单价基价表现形式的组价　　B. 用消耗量定额和价目表表现形式的组价
C. 用费率形式的组价　　D. 用基础单价基价表现形式的组价

750. 措施项目组价的方法一般是（　　）。
A. 用消耗量定额和价目表表现形式的组价
B. 用综合单价基价表现形式的组价
C. 用基础单价基价表现形式的组价
D. 用综合单价形式的组价

751. 按照工程量清单报价的方法进行标底编制时，措施项目组价的方法一般是（　　）。
A. 用估算形式的组价　　B. 用费率形式的组价
C. 用定额单价形式的组价　　D. 用概算指标形式的组价

752. 下列属于措施项目组价方法的一项是（　　）。
A. 用价目表形式的组价　　B. 用费率形式的组价
C. 用定额的组价　　D. 用可调单价形式的组价

753. 在施工图预算编制过程中，措施费应在综合单价中计算。
A. 对　　B. 错

754. 措施项目组价的方法一般有两种，其中，采用综合单价形式组价方式主要用于计算（　　）。

A．临时设施费　B．二次搬运费　C．安全施工费　D．施工排水费

755．措施费中已完工程保护费包括成品保护所需机械费、材料费和（　　）。
A．动力费　B．劳保费　C．临时设施费　D．人工费

756．当分部、分项工程量清单项目发生工程量变更时，其措施项目费用中相应的（　　）工程量应调整。
A．机械　B．模板、脚手架　C．人工　D．材料

757．按照《建筑安装工程费用项目组成》（建标〔2003〕206 号）的规定，在建筑安装工程造价中，安全施工费＝（　　）×安全施工费费率。
A．人工费　B．直接工程费　C．材料费　D．直接费

758．某施工项目直接费为 1200 万元，其中措施费 500 万元，该项目环境保护费费率为 2%，则该施工项目的环境保护费为（　　）。
A．14 万元　B．24 万元　C．10 万元　D．20 万元

759．间接费一般由（　　）和规费组成。
A．项目管理费　B．固定资产折旧费
C．经营管理费　D．企业管理费

760．组成间接费的是规费和（　　）。
A．工程排污费　B．社会保障费
C．工程定额测定费　D．企业管理费

761．下列属于间接费的是（　　）。
A．文明施工费　B．二次搬运费　C．临时设施费　D．工程排污费

762．以下费用中属间接费的是（　　）。
A．现场管理人员的工资　B．安全保险费
C．离退休人员工资　D．工程点交费

763．下列费用中属于建筑安装工程费中企业管理费的是（　　）。
A．工会经费　B．工程定额测定费
C．住房公积金　D．社会保障费

764．下列费用中属于企业管理费的是（　　）。
A．工程排污费　B．医疗保险费
C．住房公积金　D．办公费

765．下列费用中属于企业管理费的是（　　）。
A．劳动保险费　B．医疗保险费
C．住房公积金　D．养老保险费

766．下列费用中属于企业管理费的是（　　）。

A．养老保险费　　B．失业保险费
C．劳动保险费　　D．医疗保险费

767．下列费用中属于企业管理费的是（　　）。
A．生产工人工资性补贴　　B．生产工人劳动保护费
C．生产工人的工会经费　　D．生产工人的辅助工资

768．施工企业 6 个月以上的病假人员工资计入（　　）。
A．人工费　B．直接工程费　C．企业管理费　D．措施费

769．建筑安装企业管理人员的工资属于（　　）。
A．人工费　B．直接费　C．企业管理费　D．规费

770．管理人员工资属于（　　）。
A．直接费　B．人工费　C．企业管理费　D．现场施工费

771．现场项目经理的工资列入（　　）。
A．其他直接费　B．现场经费　C．企业管理费　D．直接费

772．职工教育经费是指企业为职工学习先进技术和提高文化水平，按职工工资总额计提的费用。职工教育经费是（　　）。
A．直接费　B．规费　C．企业管理费　D．职工福利费

773．根据《建筑安装工程费用项目组成》（建标〔2003〕206 号），企业按规定交纳的房产税属于（　　）。
A．直接工程费　B．措施费　C．企业管理费　D．规费

774．根据《建筑安装工程费用项目组成》（建标〔2003〕206 号），财务费系指施工企业为筹集资金而发生的各项费用，它属于（　　）。
A．直接工程费　B．措施费　C．企业管理费　D．规费

775．施工企业为补充流动资金不足而发生的短期借款利息费一般计入（　　）。
A．营业外支出　B．管理费用　C．财务费用　D．直接工程费用

776．法律顾问费应属于（　　）。
A．措施费　B．规费　C．办公费　D．间接费

777．广告费应属于（　　）。
A．措施费　B．规费　C．办公费　D．间接费

778．按照我国现行规定，可以计入建筑安装工程间接费的税费是（　　）。
A．房产税　　B．城市维护建设税
C．营业税　　D．固定资产方向调节税

779．按照我国现行规定，可以计入建筑安装工程间接费的税费是（　　）。
A．营业税　　B．城市维护建设税

C．印花税　　D．固定资产方向调节税

780．工具用具使用费指现场管理使用的不属于（　　）资产的工具、器具等。

A．流动　　B．固定　　C．项目　　D．全部

781．下列不属于企业管理费的是（　　）。

A．技术开发费　　B．业务招待费　　C．工程排污费　　D．审计费

782．按照《建筑安装工程费用项目组成》（建标〔2003〕206号），下列各项中不属于建筑安装工程企业管理费的有（　　）。

A．劳动保护费　　B．职工教育经费　　C．办公保险费　　D．财务费

783．根据《建筑安装工程费用项目组成》（建标〔2003〕206号），下列不属于企业管理费的组成内容的是（　　）。

A．财务费　　B．房产税　　C．土地使用税　　D．教育费附加

784．根据《建筑安装工程费用项目组成》（建标〔2003〕206号），下列不属于企业管理费的组成内容的是（　　）。

A．工具用具使用费　　B．劳动保险费

C．医疗保险费　　D．财产保险费

785．根据《建筑安装工程费用项目组成》（建标〔2003〕206号），建筑安装工程费用中的规费包括了（　　）费用。

A．工程排污、工程定额测定、社会保障、住房公积金、危险作业意外伤害保险

B．住房公积金、工程排污、环境保护、住房公积金、危险作业意外伤害保险

C．社会保障、安全施工、环境保护、住房公积金、危险作业意外伤害保险

D．住房公积金、危险作业意外伤害保险、安全施工、工程排污、工程定额测定

786．下列费用中属于规费的是（　　）。

A．危险作业的意外伤害保险费　　B．劳动保险费

C．财产保险费　　D．车辆保险费

787．根据《建筑安装工程费用项目组成》（建标〔2003〕206号），支付给生产工人的住房公积金应计入（　　）。

A．生产工人工资性补贴　　B．规费

C．社会保障费　　D．生产工人辅助工资

788．根据《建筑安装工程费用项目组成》（建标〔2003〕206号），规费不包括（　　）。

A．工程排污费　　B．社会保障费

C．文明施工费用　　D．住房公积金

789．下列费用中不属于规费的是（　　）。

A．养老保险费　　B．失业保险费　　C．医疗保险费　　D．劳动保险费

790．下列费用中不属于建筑安装工程费中规费的是（　　）。

A．工程排污费　　　　　　　　　　　　B．职工教育经费
C．危险作业意外伤害保险　　　　　　　D．工程定额测定费

791．根据《建筑安装工程费用项目组成》((建标〔2003〕206 号)，下列不属于规费中社会保障费的是（　　）。
A．劳动保险费　B．养老保险费　C．失业保险费　D．医疗保险费

792．根据《建筑安装工程费用项目组成》(建标〔2003〕206 号)，养老保险费属于（　　）。
A．直接工程费　B．措施费　C．企业管理费　D．规费

793．建筑安装工程费用中社会保障费不包括（　　）。
A．养老保险费　　　　　　　　　　　B．危险作业意外伤害保险费
C．失业保险金　　　　　　　　　　　D．医疗保险费

794．下列费用中不属于社会保障费的是（　　）。
A．养老保险费　B．失业保险费　C．医疗保险费　D．住房公积金

795．计入建筑安装工程费中的社会保障费不包括的费用是（　　）。
A．养老保险费　B．失业保险费　C．工伤保险费　D．医疗保险费

796．建筑安装工程费用中社会保障费不包括（　　）。
A．养老保险费　B．住房公积金　C．医疗保险费　D．失业保险费

797．根据我国现行建筑安装工程费用项目组成，下列不属于社会保障费的是（　　）。
A．住房公积金　B．养老保险费　C．失业保险费　D．医疗保险费

798．根据我国现行建筑安装工程费用项目组成，下列不属于社会保障费的是（　　）。
A．养老保险费　　　　　　　　　　　B．医疗保险费
C．失业保险费　　　　　　　　　　　D．危险作业意外伤害保险费

799．根据《建筑安装工程费用项目组成》(建标〔2003〕206 号)，社会保障费不包括（　　）。
A．危险作业意外伤害保险　　　　　　B．养老保险费
C．失业保险费　　　　　　　　　　　D．医疗保险费

800．根据《建筑安装工程费用项目组成》(建标〔2003〕206 号)，社会保障费不包括（　　）。
A．财产保险费　B．养老保险费　C．失业保险费　D．医疗保险费

801．建安工程造价中，规费的计取基数通常有（　　）。
A．分部、分项工程量清单项目费＋措施项目清单费
B．材料费
C．直接费＋间接费
D．人工费＋机械费

802．采用工程量清单计价，规费计取的基数是（　　）。
A．分部、分项工程费

B．人工费

C．人工费＋机械费

D．分部、分项工程费＋措施项目费＋其他项目费

803．建设工程间接费用按“人工费＋机械费”或“人工费”为计算基数的程序计算，其中人工费及机械费是指（　　）。

A．直接工程费中的人工费、机械费

B．直接工程费和施工技术措施费中的人工费、机械费

C．直接费中的人工费、机械费

D．直接工程费和施工技术措施费中的人工费、机械费，其中人工费不包括机上人工，机械费中不包括大型机械设备进出场及安拆费

804．《建设工程工程量清单计价规范》（GB 50500—2013）规范中以“项”计价的措施项目，根据建设部、财政部发布的《建筑安装工程费用组成》（建标〔2003〕206 号）的规定，不能作为“计算基础”的是（　　）。

A．直接费　　B．间接费

C．人工费＋机械费　　D．人工费

805．下列不属于间接费的计算方法取费基数的是（　　）。

A．以直接费和措施费为计算基础　　B．以直接费为计算基础

C．以人工费和机械费合计为计算基础　　D．以人工费为计算基础

806．不属于间接费的计算取费基数的是（　　）。

A．以人工费为计算基础

B．以直接费为计算基础

C．以直接费和规费、措施费为计算基础

D．以人工费和机械费合计为计算基础

807．下列不属于间接费的取费基数的是（　　）。

A．直接费合计　　B．人工费和机械费合计

C．人工费合计　　D．人工费和材料费合计

808．间接费定额的编制最终表现为间接费率，下列不可作为间接费计算取费基数的是（　　）。

A．以人工费为计算基础　　B．以直接费为计算基础

C．以机械费为计算基础　　D．以人工费和机械费为计算基础

809．间接费定额的编制最终表现为间接费率，下列不可作为间接费计算取费基数的是（　　）。

A．以人工费为计算基础　　B．以直接费为计算基础

C．以直接费和机械费为计算基础　　D．以人工费和机械费为计算基础

810．已知某装饰工程直接工程费为 500 万元，其中人工、材料、机械之比为 3∶5∶2，措

施费为120万元，其中人工、材料、机械之比为4∶4∶2，若该类工程以人工费为计算基础的间接费费率为80%，则该装饰工程的间接费为（　　）。

A．480万元　　B．400万元　　C．120万元　　D．158.4万元

811．已知直接费合计为1000元，规费费率为30%，企业管理费费率为10%，则间接费为（　　）。

A．300元　　B．100元　　C．400元　　D．30元

812．建筑安装按工料单价法计价程序，以直接费为计算基础，利润的计费基数是（　　）。

A．直接工程费　　B．措施费　　C．间接费　　D．以上3项的合计

813．在利润的计算过程中，可作为计算基础的是（　　）。

A．直接工程费中的人工费

B．直接费中的人工费、材料费与机械费之和

C．直接费中的人工费

D．直接费中的人工费与机械费之和

814．建筑安装工程造价中的税金组成是（　　）。

A．营业税城乡建设维护税所得税

B．营业税教育费附加城乡建设维护税

C．营业税固定资产投资方向调节税城乡建设维护税

D．营业税固定资产投资方向调节税所得税

815．建安工程费用中的税金由营业税、（　　）和教育费附加组成。

A．营业额　　B．印花税

C．城乡维护建设税　　D．车辆购置税

816．我国现行的《建筑安装工程费用项目组成》（建标〔2003〕206号）文件中规定，税金内容包括（　　）。

A．地产税、营业税、教育费附加

B．营业税、教育费附加、印花税

C．城市维护建设税、营业税、教育费附加

D．营业税、车船使用税、印花税

817．建筑安装工程费用中的税金为国家税法规定的应计入造价内的营业税、城市维护建设税和（　　）。

A．增值税　　B．消费税　　C．教育费附加　　D．所得税

818．在建筑安装工程费用项目组成中，不属于税金的是（　　）。

A．营业税　　B．城市维护建设税

C．土地使用费　　D．教育附加费

819．计入建筑安装工程费中的税金不包括（　　）。

A．营业税　　B．城市维护建设税

C．车船使用税　　D．教育费附加

820．工程造价中计取的税金不包含（　　）。
A．营业税　　B．所得税
C．教育费附加　　D．城市维护建设税

821．工程造价中计取的税金不包含（　　）。
A．营业税　　B．教育费附加
C．增值税　　D．城市维护建设税

822．税金项目清单计价的计算基础是（　　）。
A．分部、分项工程费
B．分部、分项工程费＋措施项目费＋其他项目费
C．分部、分项工程费＋措施项目费＋其他项目费＋规费
D．分部、分项工程费＋措施项目费

823．建设工程造价的税金应按施工取费定额规定费率计取，税金的计算基数为（　　）。
A．直接费　　B．直接费＋间接费
C．直接费＋间接费＋利润　　D．人工费＋机械费

824．根据现行部颁规定，建设项目在县、城镇的，税率标准为（　　）。
A．3.41%　　B．3.35%　　C．3.22%　　D．3.14%

825．根据现行部颁规定，建设项目在市区的，税率标准为（　　）。
A．3.41%　　B．3.35%　　C．3.22%　　D．3.14%

826．已知某纳税地点在市区的企业营业额为100万元，则该企业应缴纳的税金为（　　）。
A．3.55万元　　B．3.22万元　　C．3.35万元　　D．3.41万元

827．已知某建安工程直接费为200万元，规费为50万元，企业管理费为80万元，利润为20万元，已知该工程适用的营业税率为3%，城市维护建设税率为7%，教育费附加费率为3%，则该工程应缴纳的税金为（　　）。
A．10.89万元　　B．11.55万元　　C．11.93万元　　D．11.94万元

828．某建筑工程分部、分项工程量清单项目费20万元，其中人工机械费8万元，施工技术措施清单项目费5万元，其中人工机械费2万元，施工组织措施费率6.8%，综合费用费率29%，规费费率4.39%，税金费率3.22%，则该工程造价为（　　）。
A．28.77万元　　B．26.96万元　　C．27.67万元　　D．27.17万元

任务四　建筑工程工程量清单

829. 在工程量清单计价模式下，单位工程费汇总表不包括的项目是（　　）。

A. 措施项目清单计价合计　　B. 直接费清单计价合计

C. 其他项目清单计价合计　　D. 规费与税金

830. 项目编码采用（　　）编码，12 位阿拉伯数字表示。

A. 5 级　　B. 4 级　　C. 5 级　　D. 6 级

831.《建设工程工程量清单计价规范》(GB 50500—2008）统一规定的是（　　）项目编码。

A. 8 位　　B. 9 位　　C. 10 位　　D. 12 位

832. 分部、分项工程量清单编码以 12 位阿拉伯数字表示，前____为全国统一编码，编制分部、分项工程量清单时应按附录中的相应编码设置，不得变动；后____是清单项目名称编码，由清单编制人根据设置的清单项目编制。（　　）

A. 6 位；6 位　　B. 7 位；5 位　　C. 8 位；4 位　　D. 9 位；3 位

833. 根据《建设工程工程量清单计价规范》（GB 50500—2008）规定，项目编码以五级编码设置，各级编码的设置宽度为（　　）。

A. 2—3—2—2—3　　B. 2—2—2—3—3

C. 2—3—3—2—2　　D. 2—2—3—2—3

834. 项目编采用 12 位阿拉伯数字表示。第 1～第 9 位为统一编码，其中：第 1 和第 2 位为（　　）顺序码，第 3 和第 4 位为专业工程顺序码，第 5 和第 6 位为分部工程顺序码。

A. 工程分类　　B. 分部工程　　C. 分项工程　　D. 清单项目

835. 项目编采用 12 位阿拉伯数字表示。第 1～第 9 位为统一编码，其中：第 1 和第 2 位为工程分类顺序码，第 3 和第 4 位为（　　）顺序码，第 5 和第 6 位为分部顺序码。

A. 专业工程　　B. 分部工程　　C. 分项工程　　D. 清单项目

836. 项目编采用 12 位阿拉伯数字表示。第 1～第 9 位为统一编码，其中：第 1 和第 2 位为工程分类顺序码，第 3 和第 4 位为专业工程顺序码，第 5 和第 6 位为（　　）顺序码。

A. 专业工程　　B. 分部工程　　C. 分项工程　　D. 清单项目

837. 分部、分项工程量清单的项目编码第 7～第 9 位为（　　）。

A. 分部工程顺序码　　B. 分项工程顺序码

C. 清单项目名称顺序码　　D. 专业工程顺序码

838. 附录顺序码中，附录 A 由 01 表示，代表（　　）。

A．建筑工程　　B．装饰装修工程
C．市政工程　　D．水利工程

839．附录顺序码中，附录 B 由 02 表示，代表（　　）。
A．建筑工程　　B．装饰装修工程
C．市政工程　　D．水利工程

840．附录顺序码中，附录 C 由 03 表示，代表（　　）。
A．安装工程　　B．装饰装修工程
C．市政工程　　D．水利工程

841．附录顺序码中，附录 D 由 04 表示，代表（　　）。
A．建筑工程　　B．装饰装修工程
C．市政工程　　D．水利工程

842．附录顺序码中，附录 E 由 05 表示，代表（　　）。
A．建筑工程　　B．装饰装修工程
C．市政工程　　D．园林绿化工程

843．分部、分项工程量清单项目编码为 040403003001，该项目为（　　）项目。
A．装饰装修工程　　B．建筑工程
C．安装工程　　D．市政工程

844．某分部、分项工程的清单编码为 020301001×××，则该分部、分项工程所属工程类别为（　　）。
A．建筑工程　　B．装饰装修工程
C．市政工程　　D．水利工程

845．分部、分项工程量清单项目编码为 030101001001，该项目为（　　）项目。
A．装饰装修工程　　B．建筑工程
C．安装工程　　D．市政工程

846．分部、分项工程量清单项目编码为 050201001001，该项目为（　　）项目。
A．装饰装修工程　　B．建筑工程
C．安装工程　　D．园林绿化工程

847．分部、分项工程量清单项目编码为 010403003001，该项目为（　　）项目。
A．仿古建筑工程　　B．建筑工程
C．安装工程　　D．市政工程

848．建筑工程专业工程顺序码中，01 适用于（　　）。
A．土石方工程　　B．桩与地基基础工程
C．砌筑工程　　D．园林绿化工程

849．建筑工程专业工程顺序码中，02 适用于（　　）。

A．土石方工程　　B．混凝土工程
C．砌筑工程　　D．桩与地基基础工程

850．建筑工程专业工程顺序码中，03 适用于（　　）。
A．土石方工程　　B．混凝土工程
C．砌筑工程　　D．桩与地基基础工程

851．建筑工程专业工程顺序码中，04 适用于（　　）。
A．土石方工程　　B．混凝土工程
C．砌筑工程　　D．桩与地基基础工程

852．分部、分项工程量清单项目编码为 010102001001，该项目为（　　）。
A．土石方工程　　B．砌筑工程
C．混凝土工程　　D．桩与地基基础工程

853．分部、分项工程量清单项目编码为 010202001001，该项目为（　　）。
A．土石方工程　　B．砌筑工程
C．混凝土工程　　D．桩与地基基础工程

854．分部、分项工程量清单项目编码为 010302001001，该项目为（　　）。
A．土石方工程　　B．砌筑工程
C．混凝土工程　　D．桩与地基基础工程

855．分部、分项工程量清单项目编码为 010402001001，该项目为（　　）。
A．土石方工程　　B．砌筑工程
C．混凝土工程　　D．桩与地基基础工程

856．根据《建设工程工程量清单计划规范》（GB 50500—2008）的规定，分部、分项工程量清单的项目编码第一级表示为（　　）。
A．专业工程顺序码　　B．附录顺序码
C．分项工程顺序码　　D．清单项目顺序码

857．根据《建设工程工程量清单计划规范》（GB 50500—2008）的规定，分部、分项工程量清单的项目编码第二级表示为（　　）。
A．专业工程顺序码　　B．分部工程顺序码
C．分项工程顺序码　　D．清单项目顺序码

858．根据《建设工程工程量清单计划规范》（GB 50500—2008）的规定，分部、分项工程量清单的项目编码第三级表示为（　　）。
A．专业工程顺序码　　B．分部工程顺序码
C．分项工程顺序码　　D．清单项目顺序码

859．根据《建设工程工程量清单计划规范》（GB 50500—2008）的规定，分部、分项工程量清单的项目编码第四级表示为（　　）。

A．专业工程顺序码　　B．分部工程顺序码
C．分项工程顺序码　　D．清单项目顺序码

860．根据《建设工程工程量清单计划规范》（GB 50500—2008）的规定，分部、分项工程量清单的项目编码第五级表示为（　　）。
A．专业工程顺序码　　B．分部工程顺序码
C．分项工程顺序码　　D．清单项目顺序码

861．分部、分项工程量清单的项目编码，第 1～第 12 位应根据拟建工程的工程量清单项目名称由（　　）设置，并应自 001 起顺序编制。
A．编制人　　B．清单编制人　　C．招标人　　D．投标人

862．分部、分项工程量清单的项目编码由 12 位组成，其中的（　　）由清单编制人设置。
A．第 8 位～第 10 位　　B．第 9 位～第 11 位
C．第 9 位～第 12 位　　D．第 10 位～第 12 位

863．工程量清单的项目编码由五级 12 位组成，其中，第（　　）级由清单编制人自行编制。
A．二　　B．三　　C．四　　D．五

864．分部、分项工程量清单的项目编码第五级为清单项目顺序编码，应由（　　）。
A．投标人按规定设置　　B．投标人编制，从 01 开始
C．清单编制人编制，从 001 开始　　D．投标人编制，从 001 开始

865．某分部、分项工程的清单编码为 010302006004，则该分部、分项工程的清单项目顺序编码为（　　）。
A．01　　B．02　　C．006　　D．004

866．根据工程量清单项目设置规则，工程量清单项目顺序码应该根据（　　）设置。
A．项目名称　　B．计量单位　　C．项目特征　　D．工程内容

867．（　　）不是工程量清单的编制依据。
A．建设工程设计文件　　B．招标文件
C．地质勘察报告　　D．常规施工方案

868．（　　）不是工程量清单项目工程量计算的依据。
A．施工图纸及设计说明　　B．工程项目管理实施规划
C．招标文件的商务条款　　D．工程量计算规则

869．（　　）不是工程量清单项目工程量计算的依据。
A．施工图纸　　B．施工组织设计
C．招标文件　　D．工程量计算规则

870．（　　）不是工程量清单的编制依据。
A．建设工程设计文件　　B．招标文件
C．地质勘察报告　　D．常规施工方案

871．（　　）是编制工程量清单最主要的依据。

A．工程量清单的标准格式　　B．工程数量的多少

C．工程量清单的项目设置规则　　D．工程量的计算规则

872．（　）不是工程量清单的编制依据。

A．施工现场情况、工程特点及常规施工方案

B．招标文件

C．《建设工程工程量清单计价规范》（GB 50500—2008）规范

D．合同条款

873．（　　）不是工程量清单的编制依据。

A．建设工程设计文件

B．与建设工程项目有关的标准、规范、技术资料

C．施工现场情况、工程特点及常规施工方案

D．竣工资料

874．建设工程工程量清单计价规范》（GB 50500—2008）规范中采用工程量清单方式招标，工程量清单必须作为招标文件的组成部分，其准确性和完整性由投标人依据工程量清单进行投标报价，对工程量清单（　　）。

A．负责　　B．负有核实义务

C．具有修改和调整的权利　　D．不负有核实义务

875．工程量清单为投标者提供公开、公平、公正的竞争环境，由（　　）统一提供。

A．工程标底审查机构　　B．招标人

C．工程咨询公司　　D．招投标管理部门

876．工程量清单的提供者是（　　）

A．建设主管部门　B．招标人　　C．投标人　　D．以上都是

877．《建设工程工程量清单计价规范》（GB 50500—2008）第 3.1.1 条所指的工程量清单编制人，具体是指（　　）。

A．建设行政主管部门批准的具有相应资质的施工企业

B．具有编制工程量清单能力的招标人

C．建设行政主管部门批准的具有相应资质的业主单位

D．取得工程招标代理资质等级证书的企业

878．《建设工程工程量清单计价规范》（GB 50500—2008）第 3.1.1 条所指的工程量清单编制人，具体是指（　　）。

A．取得工程造价咨询资质等级证书，接受委托从事建设工程造价咨询活动的企业

B．建设行政主管部门批准的具有相应资质的施工企业

C．取得工程招标代理资质等级证书的企业

D．建设行政主管部门批准的具有相应资质的业主单位

879. 工程量清单的封面应由（　　）填写、签字、盖章。

A. 工程标底审查机构　　B. 招标人
C. 工程咨询公司　　D. 招投标管理部门

880. 采用工程量清单方式招标，工程量清单必须作为招标文件的组成部分，其准确性和完整性由（　　）负责。

A. 投标人　　B. 招标人　　C. 评标人　　D. 承包人

881. 工程量清单应由具有编制招标文件能力的（　　）进行编制。

A. 招标人
B. 招标人或受其委托具有相应资质的中介机构
C. 具有相应资质的中介机构
D. 建设行政主管部门

882. 采用工程量清单计价方式招标时，对工程量清单的完整性和准确性负责的是（　　）。

A. 编制招标文件的招标代理人　　B. 编制清单的工程造价咨询人
C. 发布招标文件的招标人　　D. 确定中标的投标人

883. 按照《建设工程工程量清单计价规范》（GB 50500—2008）规定，工程量清单（　　）。

A. 必须由招标人委托具有相应资质的中介机构编制
B. 既可采用工料单价法，也可采用综合单价法计价
C. 是招标文件的组成部分
D. 由总说明和分部、分项工程量清单两部分组成

884. 关于工程量清单，表述正确的是（　　）。

A. 工程量清单不包括工程数量的明细　　B. 工程量清单也包括工程数量相应的单价
C. 工程量清单由投标人提供　　D. 工程量清单是招标文件的组成部分

885. 关于工程量清单，表述正确的是（　　）。

A. 工程清单是招标文件的组成部分　　B. 工程清单是投标文件的组成部分
C. 工程量清单是合同的组成部分　　D. 工程量清单由投标人提供

886. （　　）应作为招标文件的组成部分。

A. 工程量清单　　B. 施工方案
C. 工程质量要求　　D. 施工图设计文件

887. 关于工程量清单，表述不正确的是（　　）。

A. 工程量清单是包括工程数量的明细清单
B. 工程量清单也包括工程数量相应的单价
C. 工程量清单由招标人提供
D. 工程量清单是招标文件的组成部分

888. 关于工程量清单，表述不正确的是（　　）。

A. 工程量清单中的工程量是结算工程量的依据

B．工程量清单中的工程量是投标报价的依据
C．工程量清单一个最基本的功能是作为信息的载体
D．工程量清单表是工程量清单的重要组成部分

889．关于工程量清单，表述错误的是（　　）。
A．工程量清单是招标文件的组成部分　B．工程量清单只能由招标人编制
C．工程量清单应作为合同的组成部分　D．工程量清单描述的对象是拟建工程

890．工程量清单作为招标文件的组成部分，它不是（　　）。
A．进行工程索赔的依据　B．编制标底的基础
C．由工程承包单位提供的　D．支付工程进度款的依据

891．关于工程量清单的作用，表述不正确的是（　　）。
A．工程量清单是调整工程价款、处理工程索赔的依据
B．工程量清单是制定《建设工程工程量清单计价规范》（GB 50500—2008）的依据
C．工程量清单是工程付款和结算的依据
D．工程量清单为投标人的投标竞争提供了一个平等和共同的基础

892．工程量清单最基本的功能是（　　）。
A．为计价和询标、评标的基础
B．为施工过程中支付工程进度款提供依据
C．为办理竣工结算及工程索赔提供了重要依据
D．作为信息的载体，为潜在的投标者提供必要的信息

893．（　　）是工程量清单计价的基础，应作为编制招标控制价、投标报价、计算工程量、支付工程款、调整合同价款、办理竣工结算以及工程索赔等的依据之一。
A．工程量清单　B．投标价　C．竣工结算价　D．合计价

894．工程量清单是招标文件的组成部分，其组成不包括（　　）。
A．分部、分项目工程量清单　B．直接工程费用清单
C．其他项目清单　D．措施项目清单

895．工程量清单是招标文件的组成部分，主要由分部、分项工程量清单、（　　）和其他项目清单组成。
A．措施项目清单　B．规范项目清单
C．单位工程量清单　D．不可调整清单

896．工程量清单是表现拟建工程的（　　）、措施项目、其他项目名称和相应数量的明细清单。
A．分部、分项工程项目　B．砌筑工程项目
C．规费项目　D．税金项目

897．工程量清单是表现拟建工程的分部、分项工程项目、（　　）、其他项目名称和相应数量的明细清单。

A．通用费用　　B．措施项目　　C．规费项目　　D．税金项目

898. 工程量清单是表现拟建工程的分部、分项工程项目、措施项目、其他项目名称和（　　）的明细清单。

A．价格　　B．项目特征　　C．工程内容　　D．相应数量

899．工程量清单不包括（　　）。

A．分部、分项工程量清单　　B．其他项目清单

C．措施项目清单　　D．计价、评标详细内容清单

900．工程量清单计价活动各方主体必须遵守清单计价依据中的（　　）规定。

A．强制性　　B．指导性规定　　C．双方协商确定　　D．一般性规定

901．工程量清单在招标投标活动中，对招标人和投标人都具有（　　）的重要文件。

A．约束力　　B．吸引力　　C．感染力　　D．影响力

902．采用工程量清单方式招标，工程量清单必须作为招标文件的组成部分，其（　　）由招标人负责。

A．准确性和合理性　　B．准确性和完整性

C．合理性和完整性　　D．以上都不对

903．关于《建设工程工程量清单计价规范》（GB 50500—2008）的规则，表述正确的是（　　）。

A．单位工程计算通常按计价规范清单列项顺序进行

B．工程量计量单位可以采用扩大的物理计量单位

C．工程量应包括加工用量和合理损耗量

D．工程量计算对象是施工过程的全部项目

904．按《建设工程工程量清单计价规范》（GB 50500—2008）规范，招标文件中工程量清单所列的工程量是（　　）。

A．决算的工程量　　B．结算的工程量

C．预计的工程量　　D．实际的工程量

905．工程量清单应包括由承包人完成施工、安装等工作内容，清单中招标人开列的工程量是根据图纸计算的（　　）。

A．预计工程量　　B．承包人应予完成的实际工程量

C．控制工程量　　D．结算工程量

906.《建设工程工程量清单计价规范》（GB 50500—2008）中所有项目描述工程量计算规则的一个共同原则是（　　）。

A．按“设计图示尺寸”计算　　B．按“施工尺寸”计算

C．按实际完成数量计算　　D．按清单规定计算规则计算

907．工程数量的计算，应按《建设工程工程量清单计价规范》（GB 50500—2008）规定的

统一（　　）进行计量。

A．工程内容　　B．计算规则　　C．项目特征　　D．计量单位

908．制定工程量清单的项目设置规则是为了统一项目编码及（　　）。

A．项目名称

B．项目名称、计量单位

C．项目名称、计量单位、工程量计算规则

D．项目名称、计量单位、工程量计算规则、工程内容

909．分部、分项工程量清单应根据附录规定的统一（　　）进行编制。

A．项目编码、项目名称、计量单位和工程量计算规则

B．项目编码、项目名称、计量单位和计算过程

C．项目编码、项目特征、计量单位和工程量计算规则

D．项目编码、项目名称、项目特征、计量单位和工程量计算规则

910．工程量清单所体现的核心内容是（　　）。

A．工程量清单的计量规则　　B．分项工程的名称和计量规则

C．工程量清单的标准格式　　D．分项工程项目名称及其相应数量

911．工程量清单项目的设置一般是（　　）。

A．按施工工序进行设置　　B．以一个综合实体考虑的

C．按工种进行设置　　D．以工程内容考虑的

912．原预算定额的项目一般是按施工工序进行设置的，而工程量清单项目的划分，一般是以一个（　　）考虑的。

A．单位工程　　B．单项工程　　C．分部、分项工程　D．综合实体

913．工程量清单作为招标文件的组成部分，不包括（　　）。

A．直接项目工程量清单　　B．其他项目工程量清单

C．分部、分项工程量清单　　D．措施项目工程量清单

914．工程量清单作为招标文件的组成部分，不包括（　　）。

A．间接项目工程量清单　　B．分部、分项工程量清单

C．措施项目工程量清单　　D．其他项目工程量清单

915．工程量清单不包括（　　）。

A．措施项目清单　　B．分部、分项工程量清单

C．零星项目清单　　D．其他项目清单

916．工程量清单不包括（　　）的名称和相应数量等的明细清单。

A．分部、分项工程项目　　B．措施项目

C．其他项目　　D．单位工程项目

917．项目名称一般是以（　　）命名的。

A．工程特征　　B．工程实体　　C．工程内容　　D．计算规则

918．（　　）是指工程量清单项目的个性特征。

A．项目特征　　B．工程实体　　C．工程内容　　D．计算规则

919．（　　）构成分部、分项工程量清单项目、措施项目自身价值的本质特征。

A．项目内容　　B．项目特征　　C．项目编码　　D．以上都不对

920．工程量清单计价规范关于清单编制描述，为结合工程具体情况列出的提示性栏目是（　　）

A．项目编码　　B．项目名称　　C．项目特征　　D．计量单位

921．工程量清单中的项目特征通常不按（　　）列项。

A．工程部位　　B．工程内容　　C．施工工艺　　D．材料品种

922．工程量清单计价规范关于清单编制描述，为结合工程具体情况列出的提示性栏目是（　　）

A．项目编码　　B．项目名称　　C．计量单位　　D．工作内容

923．招标人提供的主要材料价格表中不需要包括详细的（　　）。

A．材料编码　　B．材料品牌　　C．规格型号　　D．计量单位

924．清单项目特征描述是清单编制人根据工程实际对（　　）影响程度大小，在分项工程名下划分一个或多个清单项目，以方便投标报价。

A．清单项目　　B．清单价格　　C．项目特征　　D．工程内容

925．关于工程量清单，表述错误的是（　　）。

A．措施项目清单应根据拟建工程的实际情况列项

B．规费项目是根据省级政府或省级有关权力部门规定必须缴纳的费用

C．投标人可以根据实际情况将若干清单项目合并计价

D．对于分部、分项工程量清单，投标人对清单内容不允许作任何更改变动

926．工程量清单编制应执行统一的格式。工程量清单由封面，总说明，分部、分项工程量清单，措施项目清单，其他项目清单，零星工作项目表和（　　）组成。

A．主要材料消耗量表　　B．主要材料价格表

C．机械台班租赁价格表　　D．人、材、机消耗量表

927．根据《建设工程工程量清单计价规范》（GB 50500—2008）的规定，工程量清单的组成内容不包括（　　）。

A．填表须知　　B．措施项目清单

C．其他项目清单　　D．主要材料价格表

928．工程量清单格式的组成内容不包括（　　）。

A．工程项目总价表　　B．分部、分项工程量清单

C．措施项目清单　　D．封面

929．工程量清单格式的组成内容不包括（　　）。

A．封面　　B．填表须知

C．分部、分项工程量清单　　D．工程项目总价表

930．工程量清单不能表现的内容有（　　）。

A．其他工程项目名称和数量　　B．分部、分项工程项目名称和数量

C．措施项目名称和数量　　D．分部、分项工程项目造价

931．（　　）不是工程量计算的依据。

A．经审定的施工组织设计　　B．经审定的其他有关技术经济文件

C．经审定的施工技术措施方案　　D．经审定的预算表

932．《建筑工程工程量清单计价规范》（GB 50500—2008）包括规范条文和附录两部分，规范条文中不包括（　　）。

A．工程量清单编制　　B．工程量清单计价

C．工程量清单计价表格　　D．工程量清单项目及计算规则

933．工程量清单计价模式下，确定分部、分项工程单价时，确定计算基础后，下一步的工作应该是（　　）。

A．分析各清单项目的工程内容　　B．计算工程内容的工程数量

C．计算综合单价　　D．计算人工、材料、机械费用

934．编制分部、分项工程量清单时，在确定项目名称、编码、计量单位和计算工程量之后还应确定（　　）。

A．填表须知　　B．总说明

C．综合工程内容　　D．措施项目清单内容

935．《建设工程工程量清单计价规范》（GB 50500—2008）是（　　）编制的依据。

A．措施项目清单　　B．分部、分项工程量清单

C．其他项目名称和相应数量　　D．其他项目清单

936．分部、分项工程量清单的编制规则应符合《建设工程工程量清单计价规范》（GB 50500—2008）对分部、分项工程量清单编制的（　　）规定。

A．规范性　　B．合理性　　C．强制性　　D．正确性

937．分部、分项工程量清单是指构成拟建工程实体的全部（　　）项目名称和相应数量的明细清单。

A．分部实体　　B．分项实体　　C．单项实体　　D．单位实体

938．分部、分项工程量清单应包括项目编码、项目名称、计量单位和（　　）。

A．计算过程　　B．单价　　C．工程数量　　D．总价

939．分部、分项工程量清单是（　　）。

A．不可调整的闭口清单　　B．可调整的闭口清单

C．不可调整的开口清单　　D．可调整的开口清单

940.《建设工程工程量清单计价规范》（GB 50500—2008）中所列的分部、分项清单项目的工程量主要是指（　　）。

A．设计图示尺寸工程量　　B．施工消耗工程量

C．不包括损耗的施工净量　　D．考虑合理损耗的施工量

941．在建设工程工程量清单中，分部、分项工程量的计算规则是（　　）。

A．按不同施工方法的实际数量计算

B．按不同施工数量和加工余量之和计算

C．按工程实体尺寸净量和加工余量之和计算

D．按工程实体尺寸的净量计算

942．除另有说明外，分部、分项工程量清单表中的工程量应等于（　　）。

A．实体工程量

B．实体工程量＋施工损耗

C．实体工程量＋施工需要增加的工程量

D．实体工程量＋措施工程量

943．清单项目的工程量应计算其（　　）。

A．损耗工程量　B．施工工程量　C．增加的工程量　D．实体工程量

944．在工程量清单计价方式中，清单项目的工程量应以（　　）为准。

A．定额工程量　　B．实体工程量

C．实体工程量＋损耗工程量　　D．定额工程量＋损耗工程量

945．工程量清单中的分部、分项工程量应按（　　）。

A．企业定额规定的工程量计算规则计算　B．行业定额规定的工程量计算规则计算

C．通常公认的计算规则计算　　D．国家规范规定的工程量计算规则计算

946．（　　）是工程量的计算依据。

A．招标文件　B．材料市场价　C．施工合同　D．施工图纸

947．（　　）不是编制分部、分项工程量清单的依据。

A．建设工程工程量清单计价规范

B．建设项目可行性研究报告

C．拟采用的施工组织设计和施工技术方案

D．建设项目招标文件

948．分部、分项工程量清单的项目名称应按附录的项目名称结合（　　）工程的实际确定。

A．在建　B．拟建　C．建设　D．建筑

949．按照工程量计算规则，工程量清单通常采用的工程量计量单位是（　　）。

A．100m　B．$100m^3$　C．$10m^3$　D．m^3

950．下列（　　）属于工程量清单项目的基本物理计量单位。

A．t　　B．条　　C．$100m^2$　　D．10个

951．编制人在编制工程量清单时，工程数量的有效数位应遵守（　　）的规定。

A．以“吨”为单位应保留小数点后三位数字，第四位四舍五入

B．以立方米、平方米、米为单位应保留小数点后二位数字，第三位四舍五入

C．以“个”“项”等为单位，应保留小数点后二位数字，第三位四舍五入

D．所有计量单位均保留小数点后两位数字

952．分部、分项工程量清单中的计量单位应按附录中统一规定的计量单位确定，如挖土方的计量单位为（　　）。

A．m^2　　B．m^3　　C．m　　D．个

953．分部、分项工程量清单中的计量单位应按附录中统一规定的计量单位确定，如楼地面工程的计量单位为（　　）。

A．m^2　　B．m^3　　C．m　　D．个

954．分部、分项工程量清单中的计量单位应按附录中统一规定的计量单位确定，如钢筋工程的计量单位为（　　）。

A．m^2　　B．m^3　　C．m　　D．t

955．措施项目中可以计算工程量的项目清单宜采用分部、分项工程量清单的方式编制，列出项目编码、项目名称、项目特征、计量单位和工程量计算规则；不能计算工程量的项目清单，以“（　　）”为计量单位。

A．位　　B．米（m）　　C．项　　D．个

956．清单编制人可以根据建设工程的招标范围划定计算（　　）的范围。

A．规费清单项目　　B．措施清单项目

C．其他项目清单项目　　D．分部、分项工程量清单项目

957．分部、分项工程量清单的5个要件为：项目编码、项目名称、计量单位、工程量计算规则和（　　）。

A．项目特征　　B．计算格式　　C．定额　　D．工程量清单表格

958．（　　）是计算分部、分项工程量清单项目工程量的依据。

A．施工方案　　B．施工图设计文件

C．工程规范　　D．工程质量要求

959．（　　）是确定分部、分项工程量清单项目施工过程，编写清单项目名称和项目特征的依据。

A．施工方案　　B．工程规范

C．施工图设计文件　　D．工程质量要求

960．施工图设计文件是确定分部、分项工程量清单项目施工过程，编写清单（　　）和项

目特征的依据。

A．施工方案　B．项目编码　C．工程质量要求　D．项目名称

961．分部、分项工程量清单的项目名称应按附录的（　　）结合拟建工程的实际确定。

A．项目编码　B．项目名称　C．项目内容　D．工程量

962．分部、分项工程量清单是指表示拟建工程分项实体工程项目名称和相应数量的明细清单，应包括的要件是（　　）。

A．项目编码、项目名称、计量单位和工程量

B．项目编码、项目名称、项目特征和工程量

C．项目编码、项目名称、项目特征、计量单位和工程单价

D．项目编码、项目名称、项目特征、计量单位和工程量

963．分部、分项工程量清单应包括（　　）。

A．工程量清单表和工程量清单

B．项目编码、项目名称、计量单位和工程数量

C．工程量清单表、措施项目一览表和其他项目清单

D．项目名称、项目特征、工程内容等

964．分部、分项工程量清单由招标人根据《建设工程工程量清单计价规范》（GB 50500—2008）附录规定的（　　）和工程量计算规则进行编制。

A．项目编码、项目名称、计量单位

B．工程量清单表和工程量清单说明

C．工程量清单表、措施项目一览表和其他项目清单

D．项目名称、项目特征、工程内容

965．分部、分项工程量清单的项目名称应按照（　　）确定。

A．计价规范附录的项目名称

B．实际招标图纸

C．实际施工图纸

D．计价规范附录的项目名称结合拟建工程的实际

966．分部、分项工程量清单中所列的工程量（　　）。

A．应按施工技术方案计算

B．应按企业定额的规定

C．应按计价定额的规定

D．应按附录中所规定的工程量计算规则计算

967．下列对分部、分项工程量清单理解正确的是（　　）。

A．编制人应作补充，无需报省级或行业工程造价管理机构备案

B．补充项目编码由附录的顺序码和两位阿拉伯数字组成

C．补充项目编码应从 B001 起顺序编制，可以重号

D．工程量清单中需要附有补充项目的名称、项目特征、计量单位、工程量计算规则等

968. 分部、分项工程量清单不包括（　　）。

A. 项目编码　　B. 定额编号　　C. 项目名称　　D. 计量单位

969. 分部、分项工程量清单不包括（　　）。

A. 项目编码　　B. 项目名称　　C. 工程内容　　D. 计量单位

970. 分部、工程量清单不包括（　　）。

A. 项目编码　　B. 项目名称　　C. 计量单位　　D. 措施项目

971. 分部、分项工程量清单的内容不包括（　　）。

A. 项目编码　　B. 项目名称　　C. 计量单位　　D. 计量规则

972. 分部、分项清单不包括（　　）。

A. 工程单价　　B. 工程数量　　C. 计量单位　　D. 项目名称

973. 编制分部、分项工程量清单，不需要根据《建设工程工程量清单计价规范》（GB 50500—2008）附录规定的要求确定（　　）。

A. 项目名称　　B. 计量单位

C. 工程量计算规则　　D. 项目取费标准

974. 根据《建设工程工程量清单计价规范》（GB 50500—2008）的规定，在分部、分项工程量清单项目特征描述中，混凝土强度等级 C20 属于（　　）。

A. 必须描述的内容　　B. 可不详细描述的内容

C. 简要描述的内容　　D. 不必描述的内容

975. 分部、分项工程量清单项目名称的数量，应考虑 3 个因素：一是附录中的（　　）；二是附录中的项目特征；三是拟建工程的实际情况。

A. 项目名称　　B. 工程名称　　C. 材料名称　　D. 机械名称

976. （　　）不是分部、分项工程量清单项目的特征中必须描述的内容。

A. 由投标人根据施工方案确定的内容　　B. 涉及材质要求的内容

C. 涉及结构要求的内容　　D. 涉及正确计量计价的内容

977. 清单项目特征不需要从（　　）方面描述。

A. 清单项目的设计概述　　B. 施工材料要求

C. 特定工艺方法　　D. 施工工序

978. （　　）不是分部、分项工程量清单项目的特征中必须描述的内容。

A. 涉及正确计量计价的内容　　B. 涉及材质要求的内容

C. 涉及结构要求的内容　　D. 应由施工措施解决的内容

979. 关于分部、分项工程量清单项目特征，叙述正确的是（　　）。

A. 对计量计价没有实质影响的内容也必须描述

B. 应由投标人根据施工方案确定的必须描述

C. 应由施工措施解决的必须描述

D．涉及正确计量的内容必须描述

980．分部、分项工程量清单为闭口清单，这是指（　　）。
A．投标人若认为清单内容有遗漏可以自行补充
B．投标人对清单内容的调整要通知招标方
C．投标人可以根据实际情况将若干清单项目合并计价
D．未经允许投标人对清单内容不允许作任何更改变动

981．清单编制人可以根据工程概况、工期和工程质量的要求，确定（　　）。
A．规费清单项目　　B．措施项目清单
C．其他项目清单　　D．分部、分项工程量清单

982．（　　）是为完成项目施工，发生于该工程施工前和施工过程中技术、生活、安全等方面的非工程实体项目。
A．零星工程项目　B．其他工程项目　C．措施项目　D．分项工程项目

983．脚手架搭拆费应计入（　　）费用。
A．分部、分项工程　　B．措施项目
C．其他项目　　D．规费

984．招标文件中提出的某些必须通过一定的技术措施才能实现的要求应列入（　　）清单。
A．分部、分项工程　　B．措施项目
C．其他项目　　D．零星项目

985．措施项目清单设置时，不需要（　　）。
A．参考拟建工程的施工组织设计和施工技术方案
B．考虑设计文件中须通过一定的技术措施才能实现的内容
C．全面遵循《建设工程工程量清单计价规范》（GB 50500—2008）中的措施项目一览表
D．参阅施工规范及工程验收规范

986．在建设工程工程量清单的各个组成部分中，投标人可以更改或调整（　　）。
A．分部、分项工程量清单
B．措施项目清单
C．其他项目清单中的招标人部分
D．其他项目清单中招标人填写的零星工作项目和数量

987．在设置措施项目清单时，参考拟建工程的施工组织设计不能确定（　　）项目。
A．材料二次搬运　B．夜间施工　C．文明安全施工　D．环境保护

988．在设置措施项目清单时，参考拟建工程的施工技术方案不能确定（　　）项目。
A．环境保护　B．夜间施工　C．垂直运输机械　D．脚手架

989．（　　）不属于措施项目中的竞争项目。

A．文明施工　　B．模板　　C．脚手架　　D．临时设施

990.《建设工程工程量清单计价规范》（GB 50500—2008）将工程实体项目划分为分部、分项工程量清单项目，将非实体项目划分为（　　）。

A．规费项目　　B．其他项目　　C．税金项目　　D．措施项目

991.（　　）不属于通用措施项目。

A．临时设施　　B．已完工程及设备保护

C．现场施工围栏　　D．环境保护

992. 根据《建设工程工程量清单计价规范》（GB 50500—2008）措施项目一览表，安装工程和市政工程均可能发生的非通用项目是（　　）。

A．夜间施工　　B．已完工程及设备保护

C．现场施工围栏　　D．混凝土模板与支架

993.（　　）是在通常情况下都会发生的通用措施项目。

A．二次搬运　　B．夜间施工

C．施工排水、降水　　D．混凝土、钢筋混凝土模板及支架

994. 措施项目清单设置时，应参阅施工技术方案，确定（　　）等通用措施项目。

A．施工排水　　B．安全文明施工

C．材料二次搬运　　D．垂直运输机械

995. 措施项目清单中通用措施项目不包括（　　）。

A．安全文明施工　　B．冬雨季施工

C．地上、地下设施，建筑物的临时保护设施

D．垂直运输机械

996.（　　）不属于措施项目中的通用项目。

A．垂直运输机械　　B．二次搬运

C．已完工程及设备保护　　D．脚手架

997. 措施项目清单中通用措施项目不包括（　　）。

A．安全文明施工

B．脚手架

C．地上、地下设施，建筑物的临时保护设施

D．冬雨季施工

998. 安全文明施工不包括（　　）。

A．安全施工　　B．文明施工　　C．环境保护　　D．冬雨季施工

999.（　　）是编制措施项目清单的依据。

A．施工方案　　B．施工图设计文件

C．工程规范　　D．工程质量要求

1000．合理的施工方案是编制（　　）的依据。

A．分部、分项工程量清单　　B．施工图设计文件

C．措施项目清单　　D．其他项目清单

1001．（　　）不是措施项目清单的编制依据。

A．拟建工程的施工技术方案　　B．其他项目清单

C．招标文件　　D．有关的施工规范

1002．（　　）与分部、分项工程中的某些活动存在直接关联的活动，随着实体工程的进展而发生。

A．二次搬运　　B．文明施工　　C．安全施工　　D．施工排水降水

1003．（　　）与分部、分项工程中的某些活动存在直接关联的活动，随着实体工程的进展而发生。

A．混凝土及钢筋混凝土模板工程　　B．文明施工

C．安全施工　　D．二次搬运

1004．（　　）与分部、分项工程的具体活动不存在直接关联，但与时间相关，其费用的支出随着时间的推移而发生。

A．混凝土及钢筋混凝土模板工程　　B．施工排水降水

C．安全施工　　D．二次搬运

1005．（　　）与分部、分项工程的具体活动和工期都有关系，但没有强相关性。

A．混凝土及钢筋混凝土模板工程　　B．文明施工

C．脚手架　　D．二次搬运

1006．（　　）是与工程所需材料用量有直接关联的费用。

A．混凝土及钢筋混凝土模板工程　　B．文明施工

C．脚手架　　D．二次搬运

1007．措施项目清单的内容进行报价时，表述正确的是（　　）。

A．投标人对招标人提供的清单内容不准修改，不准删减，可以增加，一些项目也可报零

B．投标人对招标人提供的清单内容可以修改，不准删减，可以增加，一些项目也可报零

C．投标人对招标人提供的清单内容不准修改，可以删减，可以增加，一些项目也可报零

D．投标人对招标人提供的清单内容不准修改，不准删减，可以增加，但项目不可报零

1008．（　　）清单投标人可以增项。

A．分部、分项工程项目清单　　B．规费项目清单

C．其他项目清单　　D．措施项目清单

1009．措施清单项目的（　　）是指投标人对招标方措施清单所列项目，可以根据企业自身特点作适当的增减调整。

A．可调整性　　B．报价内容的包干性

C．评标重要性　　D．索赔弹性大

1010．措施清单项目的（　　）是指措施项目费用报价一经报出，即被认为包括了所有应该发生的措施项目的全部费用。

A．可调整性　　B．报价内容的包干性

C．评标重要性　　D．索赔弹性大

1011．编制措施项目清单时，措施项目设置（　　）。

A．相关的工程验收　　B．相关的工程验收规范

C．拟建工程的设计文件　　D．拟建工程的常规施工技术

1012．《建设工程工程量清单计价规范》（GB 50500—2008）将工程实体项目划分为分部、分项工程量清单项目，将非实体项目划分为（　　）。

A．规费项目　　B．其他项目　　C．税金项目　　D．措施项目

1013．工程量清单中的（　　）是非工程实体项目。

A．分部、分项工程　　B．措施项目

C．预留金　　D．材料购置费

1014．措施项目是指为完成工程项目施工，发生于该工程施工前和施工过程中（　　）的施工措施项目。

A．要求列示工程实体量　　B．不要求列示工程量

C．非项目实体　　D．项目实体

1015．以“项”为单位进行措施项目清单编制的是（　　）。

A．与使用时间、施工方法或者两个以上的工序相关的措施项目

B．可以计算工程量的措施项目

C．混凝土浇筑的模板工程

D．与实际完成的实体工程量的大小关系不大的措施项目

1016．编制措施项目清单时，若出现《建设工程工程量清单计价规范》（GB 50500—2008）中措施项目一览表未列的项目，编制人（　　）。

A．不得对措施项目一览表进行补充

B．可以考虑将其并入其他措施项目中

C．可以对措施项目一览表进行补充

D．可以认为其综合在分部、分项工程清单中

1017．对投标人报出的措施项目清单中没有列项且施工中又必须发生的项目，招标人（　　）。

A．要给予投标人以补偿

B．应允许投标人进行补充

C．可认为其包括在其他措施项目中

D．可认为其包括在分部、分项工程量清单的综合单价中

1018．措施项目是指为完成工程项目施工，发生于该工程施工前和施工过程中技术、生活、安全等方面的非工程实体项目。（　　）不属于措施项目。

A．作业平台　　B．脚手架　　C．垂直运输　　D．混凝土灌注桩

1019．设置措施项目清单，确定材料二次搬运等项目时，主要参考（　　）。

A．施工技术方案　　B．施工规程

C．施工组织设计　　D．施工规范

1020．设置措施项目清单，确定夜间施工等项目时，主要应参阅（　　）。

A．施工技术方案　　B．施工规程

C．施工组织设计　　D．施工规范

1021．其他项目清单不包括（　　）。

A．零星工作项目费　　B．文明施工费

C．总承包服务费　　D．预留金

1022．其他项目清单中的招标人部分包括（　　）。

A．预留金　　B．总承包服务费

C．零星工作项目费　　D．安全施工费

1023．其他项目清单中的投标人部分包括（　　）。

A．预留金　　B．安全施工费

C．零星工作项目费　　D．材料购置费

1024．清单编制人可以根据工程分包、材料供应情况和预留金额等条件，确定（　　）的项目内容。

A．规费清单项目　　B．措施项目清单

C．其他项目清单　　D．分部、分项工程量清单

1025．不同的工程其工程建设的标准高低、复杂程度、工期长短等都将影响到（　　）内容的设置。

A．分部、分项工程项目清单　　B．规费项目清单

C．其他项目清单　　D．措施项目清单

1026．其他项目清单中（　　）项目名称、数量、金额，投标人不得随意改动。

A．所有　　B．投标人部分

C．由招标人填写　　D．以上都不对

1027．下列内容中，属于建筑面积中的辅助面积的是（　　）。

A．阳台面积　　B．墙体所占面积

C．柱所占面积　　　　　　　　　　　　D．会议室所占面积

1028.（　　）也称建筑展开面积，是指建筑物的各层水平面积相加后的总面积。

A．建筑面积　　B．使用面积　　C．辅助面积　　D．结构面积

1029．建筑面积包括使用面积、（　　）和结构面积。

A．阳台面积　　B．实用面积　　C．辅助面积　　D．公摊面积

1030.（　　）是指建筑物各层平面布置中可直接为生产或生活使用的净面积的总和。

A．建筑面积　　B．使用面积　　C．辅助面积　　D．结构面积

1031．居住生活间属于（　　）。

A．建筑面积　　B．结构面积　　C．辅助面积　　D．使用面积

1032.（　　）是指建筑物各层平面布置中为辅助生产或生活所占净面积的总和。

A．建筑面积　　B．结构面积　　C．辅助面积　　D．使用面积

1033．楼梯、厕所、厨房、走道等属于（　　）。

A．建筑面积　　B．结构面积　　C．辅助面积　　D．使用面积

1034.（　　）是指建筑物各层平面布置中的墙体、柱等结构所占面积的总和。

A．建筑面积　　B．结构面积　　C．辅助面积　　D．使用面积

1035．使用面积和辅助面积的总和称为（　　）。

A．建筑面积　　B．结构面积　　C．有效面积　　D．总面积

1036.（　　）是建筑技术经济效果的重要数据，是计算占地面积、土地利用系数、使用面积系数、有效面积系数等指标的依据。

A．建筑面积　　B．结构面积　　C．有效面积　　D．总面积

1037．正确计算（　　）有助于计算每平方米的工程造价，每平方米的用工量，每平方米的主要材料用量等。

A．建筑面积　　B．结构面积　　C．有效面积　　D．总面积

1038．计算平整场地、综合脚手架、室内回填土、楼地面等工程量，这些都与（　　）有关。

A．建筑面积　　B．结构面积　　C．有效面积　　D．总面积

1039.（　　）是计划、统计以及工程概况的主要数量指标之一。

A．有效面积　　B．结构面积　　C．建筑面积　　D．总面积

1040．关于建筑面积、使用面积、辅助面积、结构面积、有效面积的相互关系，正确的表达式有（　　）。

A．建筑面积＝使用面积＋辅助面积　　B．使用面积＝有效面积＋结构面积

C．有效面积＝使用面积＋辅助面积　　D．辅助面积＝使用面积－结构面积

1041．计算工业与民用建筑的单位面积工程造价是工程造价与（　　）的比值。

A．居住面积　　B．有效面积　　C．使用面积　　D．建筑面积

1042．已知某 4 层办公楼，每层外墙外围面积为 $1008m^2$，室外设有永久性顶盖的楼梯，共 3 个自然层，每层投影面积 $10m^2$，大门外设有投影面积为 $18m^2$ 的条石台阶；门口设悬挑宽度为 1.6m 水平投影面积为 $4.8m^2$ 的雨篷，则此办公楼的建筑面积为（　　）。

A．$4047m^2$　　B．$4051.8m^2$　　C．$4042m^2$　　D．$4084.8m^2$

1043．已知某 3 层办公楼，每层外墙外围面积为 $670m^2$，1 层为车库，层高 2.2m，2～3 层为办公室，层高 3.2m，1 层设有挑出墙外 1.5m 的无柱外挑檐廊，檐廊顶盖水平投影面积为 $66.5m^2$，该办公楼的建筑面积为（　　）。

A．$1340m^2$　　B．$1373.75m^2$　　C．$2043.25m^2$　　D．$2077.5m^2$

1044．某高校新建一栋 6 层教学楼，建筑面积为 $18000m^2$，经消防部门检查认定，建筑物内的楼梯不能满足紧急疏散的要求，为此又在两端各增设一部室外疏散钢楼梯，每层楼梯的水平投影面积为 $15m^2$，该教学楼的建筑面积为（　　）。

A．$18192m^2$　　B．$18160m^2$　　C．$18090m^2$　　D．$18000m^2$

1045．一栋 6 层住宅楼，勒脚以上结构的外围水平面积每层为 $500m^2$，6 层无围护结构的挑阳台的水平投影面积之和为 $200m^2$，则该工程的建筑面积为（　　）。

A．$700m^2$　　B．$3000m^2$　　C．$3200m^2$　　D．$3100m^2$

1046．某工程设计采用深基础地下架空层，层高 2.3m，结构外围水平长 60m、宽 18m，其内隔出一间外围水平面积为 $18m^2$ 的房间，经初装饰后做水泵房使用，该工程基础以上的建筑面积为 $6400m^2$，该工程总建筑面积为（　　）。

A．$6418m^2$　　B．$6480m^2$　　C．$6940m^2$　　D．$7480m^2$

1047．某住宅建筑各层外围水平面积之和为 $400m^2$，共 6 层，2 层以上每层有 2 个阳台，每个阳台水平面积为 $5m^2$，则该建筑的总建筑面积为（　　）。

A．$2422m^2$　　B．$2407m^2$　　C．$2450m^2$　　D．$2425m^2$

1048．一栋 4 层坡屋顶住宅楼，勒脚以上结构外围水平面积每层为 $930m^2$，1～3 层层高 3.0m，建筑物顶层全部加以利用，净高超过 2.1 的部位为 $410m^2$，净高在 1.2～2.1m 的部位面积为 $200m^2$，该住宅的建筑面积为（　　）。

A．$3100m^2$　　B．$3300m^2$　　C．$3400m^2$　　D．$3720m^2$

1049．某 3 层楼房，层高 3.6m，每层建筑面积为 $99m^2$，在 3 层顶部有一坡屋顶，坡屋顶 1/3 面积高度在 1.2m 以下，1/3 面积高度在 2.1m 以上，该建筑的建筑面积为（　　）。

A．$39m^2$　　B．$3m^2$　　C．$346.5m^2$　　D．$297m^2$

1050．某 4 层楼房，其首层外墙勒脚以上结构外围水平面积为 $400m^2$，外立面有两个砖垛，正门台阶的水平投影面积为 $5m^2$，该建筑的建筑面积为（　　）。

A．$1605.27m^2$　　B．$1600.27m^2$　　C．$1605m^2$　　D．$1600m^2$

1051．某建筑物外有顶盖无围护结构的檐廊，挑出墙外 1.5m，檐廊长 24m，则该檐廊的建筑面积为（　　）。

A．$36m^2$　　B．$18m^2$　　C．$24m^2$　　D．$0m^2$

1052．某 5 层砖混结构建筑物，室外楼梯单层建筑面积为 $20m^2$，最上一层雨篷只能遮盖楼梯的 2/3 部分，该建筑物室外楼梯的建筑面积为（　　）。

A．$20m^2$　　B．$60m^2$　　C．$80m^2$　　D．$100m^2$

1053．某 5 层砖混结构建筑物，外墙结构外边线的尺寸为 100m×20m，其外部又增加一层 50mm 厚的聚苯板保温层，该建筑物的建筑面积为（　　）。

A．$10000m^2$　　B．$10020m^2$　　C．$10030m^2$　　D．$10060m^2$

1054．某工程设计采用深基础地下架空层，层高 2.3m，结构外围水平长 60m、宽 18m，其内隔出一间外围水平面积为 $18m^2$ 的房间，经初装饰后作水泵房使用。根据《全国统一建筑工程预算工程量计算规则》规定，该工程基础以上的建筑面积为 $6400m^2$，该工程总建筑面积应为（　　）。

A．$6418m^2$　　B．$6480m^2$　　C．$6940m^2$　　D．$7480m^2$

1055．某展览馆为 7 层框架结构，每层高 3m，各层外墙的外围水平面积均为 $4000m^2$，馆内布置有大厅并设有两层回廊，大厅长 36m、宽 24m、高 8.9m，每层回廊长 110m、宽 2.4m，根据《全国统一建筑工程预算工程量计算规则》规定，该展览馆的建筑面积为（　　）。

A．$26800m^2$　　B．$27400m^2$　　C．$28000m^2$　　D．$29200m^2$

1056．某高校新建一栋 6 层教学楼，建筑面积 $18000m^2$，经消防部门检查认定，建筑物内楼梯不能满足紧急疏散要求。为此又在两端墙外各增设一个疏散钢楼梯，每个楼梯间的每层水平投影面积为 $16m^2$。根据《全国统一建筑工程预算工程量计算规则》规定，该教学楼的建筑面积应为（　　）。

A．$18192m^2$　　B．$18160m^2$　　C．$18096m^2$　　D．$18000m^2$

1057．某住宅工程，首层外墙勒脚以上结构的外围水平面积为 $448.38m^2$，2～6 层外墙结构外围水平面积之和为 $2241.12m^2$，不封闭阳台的水平面积之和为 $108m^2$，则该工程的建筑面积为（　　）。

A．$2797.5m^2$　　B．$2743.5m^2$　　C．$2689.5m^2$　　D．$2349.12m^2$

1058．某一单层工业厂房为矩形面积，其外墙外边线长、宽分别为 60m、12m，厂房高 9.00m，则该建筑工程的建筑面积为（　　）。

A．$180m^2$　　B．$360m^2$　　C．$720m^2$　　D．$1440m^2$

1059．某 2 层矩形砖混结构建筑物，长 20m、宽 10m（均为轴线尺寸），内外墙均为一砖厚，则该建筑物的建筑面积为（　　）。

A．$207.26m^2$　　B．$414.52m^2$　　C．$203.61m^2$　　D．$416.04m^2$

1060．某单层建筑物，层高 2.10m，外墙外围水平投影面积为 $150m^2$，则该建筑物的建筑面积为（　　）。

A．$150m^2$　　B．$75m^2$　　C．$50m^2$　　D．$0m^2$

1061．某厂房外墙勒脚外围水平面积为 $1521m^2$，勒脚以上外围水平面积为 $1519m^2$，内设有 2 层办公楼，层高 2m，每层外墙外围水平面积为 $300m^2$，则总建筑面积为（　　）。

A．$1521m^2$　　B．$1819m^2$　　C．$1669m^2$　　D．$2119m^2$

1062．某 6 层住宅工程，外墙勒脚以上结构的外围水平面积均为 $448.38m^2$，6 层有围护结构的阳台的水平面积之和为 $108m^2$，则该工程的建筑面积为（　　）。

A．$556.38m^2$　　B．$502.38m^2$

C．$2744.28m^2$　　D．$2798.28m^2$

1063．某建筑物各层建筑面积为 $360m^2$，共 4 层，中间设置一宽度为 350mm 的抗震缝，缝长 8m，则该建筑面积共为（　　）。

A．$1428.60m^2$　　B．$1440m^2$　　C．$1451.20m^2$　　D．$1456m^2$

1064．某单层工业厂房的外墙勒脚以上外围水平面积为 $7200m^2$，厂房高 $7.8m^2$，内设有两层办公室，层高均大于 2.2m，其外围水平面积为 $350m^2$，则该厂房的总建筑面积为（　　）。

A．$7550m^2$　　B．$7375m^2$　　C．$7900m^2$　　D．$7915m^2$

1065．某单位新建一单层单间传达室，外墙厚 240mm，轴线位于墙体中心，檐高 3m，轴线间长度分别为 6m 和 3m，该传达室建筑面积为（　　）。

A．$15.73m^2$　　B．$18.00m^2$　　C．$18.60m^2$　　D．$20.22m^2$

1066．某单层工业厂房的外墙勒脚以上外围水平面积为 $1668m^2$ 的厂房内设层高为 2.5m 的 2 层办公楼，屋面作为指挥台，其围护结构的外围面积为 $300m^2$。该厂房的总建筑面积为（　　）。

A．$1668m^2$　　B．$2268m^2$　　C．$1968m^2$　　D．$2568m^2$

1067．某高层 3.6m 的 6 层建筑，每层建筑面积为 $2000m^2$，建筑内有一个 7.2m 高的中央圆形大厅，直径 10m，环绕大厅有一层半圆回廊，回廊宽 2m，则该建筑的建筑面积为（　　）。

A．$12025m^2$　　B．$11946m^2$　　C．$12031m^2$　　D．$11953m^2$

1068．“统筹法”计算工程量时，下列说法错误的是（　　）。

A．“一面”是指建筑施工图上所表示的底层建筑面积

B．“三线”包括外墙外边线

C．“三线”包括内墙内边线

D．“三线”包括外墙中心线

1069．统筹法计算工程量中的“三线一面”，不包括（　　）。

A．内墙中心线　　B．外墙外边线　　C．外墙中心线　　D．底层建筑面积

1070．按照《建筑工程建筑面积计算规范》（GB/T 50353—2005）的规定，建筑物内的管道井应（　　）计算建筑面积。

A．不　　B．按其投影面积

C．按其投影面积的一半　　D．按建筑物的自然层

1071．某 10 层建筑物内有一管道井，应（　　）计算建筑面积。

A．不　　B．按其投影面积

C．按其投影面积的一半　　D．按建筑物的自然层

1072．按照《建筑工程建筑面积计算规范》（GB/T 50353—2005）的规定，屋面上部有围护结构的电梯机房，（　　）计算建筑面积。

A．一般不

B．按围护结构外围水平面积的一半

C．层高在 2.20m 及以上者应计算全面积

D．按电梯机房净空面积

1073．建筑物顶部有围护结构的楼梯间、水箱间、电梯机房等，说法正确的是（　　）。

A．层高在 2.10m 及以上者应计算全面积

B．层高在 2.20m 及以上者应计算一半面积

C．层高在 2.20m 及以上者应计算全面积

D．层高不足 2.20m 者不计算面积

1074．屋面上有围护结构的电梯机房，其建筑面积应（　　）。

A．视情况而定

B．按其围护结构外围水平投影面积计算

C．按其围护结构外围水平投影面积 1/2 计算

D．按其顶盖水平投影面积计算

1075．屋面上部有围护结构的电梯机房，层高 2.3m，其建筑面积（　　）计算。

A．不　　B．按围护结构外围水平面积的一半

C．按围护结构外围水平面积　　D．按电梯机房净空面积

1076．建筑物顶部设有围护结构的电梯机房，按外围水平面积可全部计算建筑面积的，其规定的层高高度应在（　　）及以上。

A．1.80m　　B．2.00m　　C．2.20m　　D．2.80m

1077．封闭阳台的建筑面积应（　　）。

A．按水平投影面积计算　　B．按水平投影面积的 1/2 计算

C．不计算　　D．以上说法都不对

1078．按照《建筑工程建筑面积计算规范》（GB/T 50353—2005）的规定，封闭式阳台（　　）计算建筑面积。

A．按其围护结构外围水平投影的一半　　B．按其围护结构外围水平投影面积

C．一般不　　　　D．按净面积

1079．建筑物的阳台均应（　　）。

A．不计算　　　　B．按其水平投影面积计算

C．按其水平投影面积的 1/2 计算　　　　D．以上说法都不对

1080．建筑物的阳台均应按其（　　）计算建筑面积。

A．墙外水平投影面积　　　　B．墙外水平投影面积的一半

C．水平面积的 2/3　　　　D．水平面积的一半

1081．关于建筑雨篷结构的建筑面积计算，表述正确的是（　　）。

A．有柱雨篷按结构外边线计算

B．无柱雨篷按雨篷水平投影面积计算

C．雨篷外边线至外墙结构外边线不足 2.1m 的，不计算面积

D．雨篷外边线至外墙结构外边线超过 2.1m 的，按投影计算面积

1082．墙结构外边线的宽度不大于 2.10m 者应（　　）。

A．按雨篷板的水平投影面积计算建筑面积

B．根据雨篷构造形式计算建筑面积

C．按雨篷板的水平投影面积 1/2 计算建筑面积

D．不计算建筑面积

1083．建筑物雨篷结构的外边线至外墙结构外边线的宽度超过 2.1m 者，应（　　）计算建筑面积。

A．不　　　　B．按雨篷结构板水平投影面积

C．按雨篷结构板水平投影面积的一半　　　　D．檐廊结构外围面积

1084．根据《建筑工程建筑面积计算规则》（GB/T 50353—2005），下列关于建筑物雨篷结构的建筑面积计算，正确的是（　　）。

A．有柱雨篷按结构外边线计算

B．无柱雨篷按雨篷水平投影面积计算

C．雨篷外边线至外墙结构外边线不足 2.10m 的，不计算面积

D．雨篷外边线至外墙结构外边线超过 2.10m 的，按投影计算面积

1085．雨篷结构的外边线至外墙结构外边线的宽度超过 2.10m 者，应（　　）。

A．不计算建筑面积

B．按雨篷结构板的水平投影面积计算建筑面积

C．按雨篷结构板的水平投影面积的 1/2 计算建筑面积

D．以上说法都不对

1086．雨篷结构的外边线至外墙结构外边线的宽度超过（　　）的，建筑面积应按雨篷结构板的水平投影面积的 1/2 计算。

A．2.20m　　B．2.10m　　C．1.20m　　D．以上说法都不对

1087. 关于雨篷建筑面积，说法正确的是（　　）。

A. 雨篷结构的外边线至外墙结构外边线的宽度超过 2.10m 的，应按雨篷结构板的水平投影面积的 1/2 计算

B. 雨篷结构的外边线至外墙结构外边线的宽度超过 1.20m 的，应按雨篷结构板的水平投影面积的 1/2 计算

C. 雨篷结构的外边线至外墙结构外边线的宽度超过 2.10m 的，应按雨篷结构板的水平投影面积计算

D. 雨篷结构的外边线至外墙结构外边线的宽度超过 2.20m 的，应按雨篷结构板的水平投影面积计算

1088. 有柱雨篷和无柱雨篷的计算方法（　　）。

A. 有区别　　B. 一致　　C. 相似　　D. 不确定

1089. 有柱的雨篷、车棚、货棚、站台按（　　）计算建筑面积。

A. 柱外围水平面积　　B. 柱中心线水平面积

C. 顶盖面积　　D. 顶盖水平投影面积的一半

1090. 按照《建筑工程建筑面积计算规范》（GB/T 50353—2005）的规定，有永久性顶盖无围护结构的有柱车棚、货棚、站台、加油站、收费站等按（　　）计算建筑面积。

A. 柱外围水平面积　　B. 柱中心线水平面积

C. 按其顶盖水平投影面积　　D. 按其顶盖水平投影面积的 1/2

1091. 按照《建筑工程建筑面积计算规范》（GB/T 50353—2005）的规定，地下室、半地下室按（　　）计算建筑面积。

A. 其上口外墙外围水平面积和采光井面积

B. 其上口净空面积

C. 其下口净空面积

D. 其上口外墙外围水平面积

1092. 关于半地下室，说法正确的是（　　）。

A. 房间地平面低于室外地平面的高度超过该房间净高的 1/2

B. 房间地平面低于室外地平面的高度超过该房间净高的 1/3，且不超过 1/2

C. 房间地平面低于室外地平面的高度超过该房间净高的 1/4，且不超过 1/3

D. 以上说法都不对

1093. 根据《建筑工程建筑面积计算规范》（GB/T 50353—2005），半地下室车库建筑面积的计算，正确的是（　　）。

A. 不包括外墙防潮层及其保护墙　　B. 包括采光井所占面积

C. 层高在 2.10m 及以上按全面积计算　　D. 层高不足 2.10m 应按 1/2 面积计算

1094. 地下室、半地下室（车间、商店、车站、车库、仓库等），应按（　　）。

A. 外墙勒脚以上结构外围水平面积计算建筑面积

B. 外墙结构外围水平面积计算建筑面积

C．其外墙上口外边线所围水平面积计算建筑面积
D．外围水平面积计算建筑面积

1095．地下室、半地下室（车间、商店、车站、车库、仓库等），包括相应的有永久性顶盖的出入口，应按其外墙上口（不包括采光井、外墙防潮层及其保护墙）外边线所围水平面积计算，（　　）。
A．层高在 2.10m 及以上者应计算全面积
B．层高在 2.20m 及以上者应计算一半面积
C．层高在 2.20m 及以上者应计算全面积
D．层高不足 2.20m 者不计算面积

1096．地下室、半地下室（车间、商店、车站、车库、仓库等），包括相应的有永久性顶盖的出入口，应按其外墙上口（　　）外边线所围水平面积计算。
A．包括采光井　　B．不包括采光井
C．包括外墙防潮层　　D．包括其保护墙

1097．建筑物间有围护结构的架空走廊，应按其（　　）计算建筑面积。
A．围护结构外围水平面积的 1/2　　B．底板水平面积
C．水平面积　　D．围护结构外围水平面积

1098．建筑物间有围护结构的架空走廊，应按其围护结构外围水平面积计算，（　　）。
A．层高在 2.10m 及以上的，应计算全面积
B．层高在 2.20m 及以上的，应计算一半面积
C．层高在 2.20m 及以上的，应计算全面积
D．层高不足 2.20m 的，不计算面积

1099．建筑物间有围护结构的架空走廊，（　　）。
A．有永久性顶盖无围护结构的应按其结构底板水平面积的 1/2 计算建筑面积
B．有永久性顶盖无围护结构的应按其结构底板水平面积计算建筑面积
C．有永久性顶盖无围护结构的不计算其建筑面积
D．有永久性顶盖无围护结构的应按其结构底板水平面积的 1/4 计算建筑面积

1100．有永久性顶盖无围护结构的架空走廊应按其（　　）计算建筑面积。
A．围护结构外围水平面积的 1/2　　B．结构底板水平面积的 1/2
C．水平面积　　D．围护结构外围水平面积

1101．按照《建筑工程建筑面积计算规范》（GB/T 50353—2005）的规定，建筑物间有围护结构的架空走廊，（　　）计算建筑面积。
A．按其顶盖结构底板水平面积的 1/2 计算
B．层高为 2.20m 的，应按其围护结构外围水平面积的一半
C．一般不
D．层高大于 2.20m 的，应按其围护结构外围水平面积计算

1102．层高 2.20m 的有围护结构的架空走廊，其建筑面积（　　）计算。

A．按走廊的外围水平面积　　B．不

C．按走廊的投影面积　　D．按走廊的外围水平面积的一半

1103．根据《建筑工程建筑面积计算规范》（GB/T 50353—2005），有永久性顶盖无围护结构的（　　）按其结构底板水平 1/2 面积计算建筑面积。

A．场馆看台　　B．收费站　　C．车棚　　D．架空走廊

1104．建筑物之间有维护结构架空走廊，按外围水平面积可全部计算建筑面积的，其规定的层高高度应在（　　）。

A．1.8m 及以上　　B．2.0m 及以上　　C．2.2m 及以上　　D．2.8m 及以上

1105．相邻建筑物之间层高超过 2.2m 有围护结构的架空走廊建筑面积计算，正确的说法是（　　）。

A．按水平投影面积的 1/2 计算　　B．不计算建筑面积

C．按围护结构的外围水平计算面积　　D．接围护结构面积的 1/2 计算

1106．相邻建筑物之间层高超过 2.2m 有围护结构的架空走廊建筑面积计算，正确的说法是（　　）。

A．按水平投影面积的 1/2 计算　　B．不计算建筑面积

C．按围护结构的外围水平计算面积　　D．接围护结构面积的 1/2 计算

1107．没有围护结构的直径 2.2m、高 2.4m 的屋顶圆形水箱，其建筑面积（　　）。

A．不计算　　B．为 $2.28m^2$　　C．为 $4.56m^2$　　D．为 $9.12m^2$

1108．根据《建筑工程建筑面积计算规则》（GB/T 50353—2005），建筑物屋顶无围护结构的水箱建筑面积计算应为（　　）。

A．层高超过 2.2m 应计算全面积　　B．不计算建筑面积

C．层高不足 2.2m 不计算建筑面积　　D．层高不足 2.2m 部分面积计算

1109．有围护结构的直径 2.2m、高 2.0m 的屋顶圆形水箱，其建筑面积（　　）。

A．不计算　　B．$3.80m^2$　　C．$1.90m^2$　　D．$8.40m^2$

1110．屋顶上有围护结构的水箱间，其建筑面积按（　　）计算。

A．水箱间的净空面积　　B．零

C．围护结构外围水平面积　　D．水箱间的投影面积

1111．关于建筑物顶部，有围护结构的楼梯间、水箱间、电梯机房，说法错误的是（　　）。

A．层高 2.2m 者计算 1/2 面积

B．层高 2.2m 及以上者计算全面积

C．层高不足 2.2m 者应计算 1/2 面积

D．单独放在屋顶的钢板水箱，不计算面积

1112．建筑物屋顶无围护结构的水箱建筑面积计算为（　　）。

A．层高超过 2.2m 者计算全面积　　B．层高不足 2.2m 上者按 1/2 计算面积
C．层高不足 2.2m 者不计算面积　　D．不计算面积

1113．层高在（　　）以内的单层建筑物，不计算建筑面积。
A．1.1m　　B．2.2m　　C．3.0m　　D．2.5m

1114．单层建筑物的建筑面积，应按（　　）。
A．其外墙结构外围水平面积计算
B．其外围水平面积计算
C．其外墙勒脚以上结构外围水平面积计算
D．以上都不对

1115．单层建筑物的建筑面积，（　　）。
A．高度不足 2.20m 者应不计算面积
B．高度不足 2.10m 者应计算 1/2 面积
C．单层建筑物高度在 2.10m 及以上者应计算全面积
D．单层建筑物高度在 2.20m 及以上者应计算全面积

1116．单层建筑物的建筑面积，应按其外墙勒脚以上（　　）计算。
A．定位轴线围成的水平面积　　B．外墙饰面外围水平面积
C．结构外围水平面积　　D．外墙勒脚外围水平面积

1117．单层建筑物高度在_____以上计算全面积，高度不足_____者计算_____建筑面积。（　　）
A．2.20m；2.10m；1/3　　B．2.20m；2.10m；1/2
C．2.20m；2.20m；1/2　　D．2.20m；2.30m；1/3

1118．以下不是按建筑物的自然层计算建筑面积的是（　　）。
A．室内楼梯间、通风排气竖井　　B．电梯井、观光电梯井、垃圾道
C．提物井、管道井、附墙烟囱　　D．架空走廊

1119．上下两个错层户室公用的室内楼梯，建筑面积应按（　　）。
A．上一层的自然层计算　　B．下一层的自然层计算
C．上一层的结构层计算　　D．下一层的结构层计算

1120．上下两个错层户室共用的室内楼梯，应（　　）计算面积。
A．不　　B．按上一层的自然层
C．按下一层的自然层　　D．以上说法都不对

1121．某建筑物层高 3.6m，首层有一大厅，净高 7.2m，其大厅建筑面积应按（　　）计算。
A．1 层　　B．1.5 层　　C．2 层　　D．2.5 层

1122．层高在 2.2m 以内的设备管道层应（　　）建筑面积。
A．计算　　B．不计算　　C．按一半计算　　D．按 30%计算

1123．建筑物内的设备管道夹层，应（　　）。

A．不计算建筑面积　　B．按自然层计算面积

C．按其水平面积计算　　D．以上说法都不对

1124．根据《建筑工程建筑面积计算规范》(GB/T 50353—2005)，有永久性顶盖的室外楼梯建筑面积的计算，正确的是（　　）。

A．按建筑物自然层的水平投影面积计算

B．不计算建筑面积

C．按建筑物自然层的水平投影面积的 1/2 计算

D．按上层楼梯底板面积计算

1125．无永久性顶盖的架空走廊、室外楼梯，应（　　）。

A．不计算建筑面积　　B．按自然层计算面积

C．按其底板水平面积计算　　D．以上说法都不对

1126．有永久性顶盖的室外楼梯，应按建筑物____的水平投影面积的____计算。（　　）

A．自然层；全面积　　B．自然层；1/2

C．楼梯层数；1/2　　D．楼梯层数；全面积

1127．室外楼梯无永久性顶盖或不能完全遮盖楼梯的雨篷，顶层楼梯的建筑面积为（　　）。

A．全面积　　B．1/2 面积　　C．1/4 面积　　D．不计算面积

1128．有永久性顶盖的室外楼梯，应按（　　）计算。

A．建筑物自然层的水平投影面积的 1/2

B．建筑物自然层的水平投影面积

C．水平投影面积

D．以上说法都不对

1129．关于室外楼梯的建筑面积，说法错误的是（　　）。

A．不计算建筑面积

B．最上层楼梯无永久性顶盖，上层楼梯不计算建筑面积

C．上层楼梯可视为下层楼梯的永久性顶盖，下层楼梯应计算建筑面积

D．最上层楼梯有不能完全遮盖楼梯的雨篷，上层楼梯不计算建筑面积

1130．单层建筑物内的部分楼层其首层建筑面积（　　）。

A．按结构外围水平面积计算　　B．按结构外围水平面积的一半计算

C．不计算　　D．视情况而定

1131．多层建筑物首层应按其____计算，二层及以上楼层应按其____计算。（　　）

A．外墙勒脚以上结构水平面积；外墙结构水平面积

B．外墙勒脚以上结构水平面积；外墙结构外围水平面积

C．周线围成的水平面积；外墙饰面外围水平面积

D．外墙勒脚以上结构外围水平面积；外墙结构外围水平面积

1132．多层建筑物首层应按其（　　）。

A．外墙勒脚以上结构外围水平面积计算

B．外墙结构外围水平面积计算

C．结构外围水平面积计算

D．以上都不对

1133．多层建筑物首层应按其外墙勒脚以上结构外围水平面积计算；二层及以上楼层应按其外墙结构外围水平面积计算，（　　）。

A．层高在 2.10m 及以上者应计算全面积

B．层高在 2.20m 及以上者应计算一半面积

C．层高在 2.20m 及以上者应计算全面积

D．层高不足 2.20m 者不计算面积

1134．根据《建筑工程建筑面积计算规则》（GB/T 50353—2005），单层建筑物内有局部楼层时，其建筑面积计算，正确的是（　　）。

A．有围护结构的按底板水平面积计算

B．无围护结构的不计算建筑面积

C．层高超过 2.10m 计算全面积

D．层高不足 2.20m 计算 1/2 面积

1135．单层建筑物内设有局部楼层的，局部楼层的二层及以上楼层，（　　）。

A．有围护结构的应按其围护结构外围水平面积计算

B．无围护结构的应按其底板水平面积计算

C．其外墙勒脚以上结构外围水平面积计算

D．以上都不对

1136．单层建筑物内设有局部楼层的，局部楼层的二层及以上楼层，有围护结构的应按其围护结构外围水平面积计算，（　　）。

A．层高在 2.10m 及以上者应计算全面积

B．层高在 2.20m 及以上者应计算一半面积

C．层高在 2.20m 及以上者应计算全面积

D．层高不足 2.20m 者不计算面积

1137．单层建筑物设有局部楼层的，（　　）计算建筑面积。

A．按局部楼层实际层数

B．局部楼层的二层以上楼层

C．局部楼层的二层及以上楼层

D．层高不足 2.20m 按 1/2 计算建筑面积

1138．单层建筑物内设有局部楼层的，局部楼层的二层及以上楼层层高在（　　）及以上者应计算全面积。

A．2.1m　　B．2.2m　　C．2.3m　　D．2.5m

1139．多层建筑物的建筑面积，说法错误的是（　　）。

A．按各层建筑面积之和计算

B．二层及以上楼层应按其外墙结构外围水平面积计算

C．其首层建筑面积应按外墙勒脚以上结构外围水平面积计算
D．包括外墙镶贴块料面层的水平投影面积

1140．根据《建筑工程建筑面积计算规范》(GB/T 50353—2005)，多层建筑物屋顶内和场馆看台下，建筑面积的计算，正确的是（　　）。
A．设计不利用的净高超过 2.10m 的部位计算全面积
B．设计加以利用，净高 2.0m 部位计算 1/2 面积
C．净高在 1.20～2.10m 的部位计算 1/2 面积
D．层高在 2.20m 及以上者计算全面积

1141．单（多）层建筑物的坡屋顶内空间设计加以利用时，净高在 1.2m 以上，2.1m 以内的部位应（　　）面积。
A．计算 0　　B．计算 1/2　　C．计算 1/4　　D．不计算

1142．利用坡屋顶内空间时，当设计加以利用，（　　）。
A．净高在 1.2～2.1m 的部位应计算 1/2 面积
B．净高不足 1.2m 的部位应计算 1/2 面积
C．净高在 4.2m 以上的部位应计算 2 倍面积
D．净高在 2.0m 的部位应计算全面积

1143．多层建筑坡屋顶内和场馆看台下，说法错误的是（　　）。
A．当设计加以利用时净高超过 2.1m 的部位应计算全面积
B．净高在 1.2～2.1m 的部分应计算 1/2 面积
C．当设计不利用或室内净高不足 1.2m 时不计算面积
D．当设计利用室内净高不足 2.1m 时不计算面积

1144．根据《建筑工程建筑面积计算规范》(GB/T 50353—2005)，坡屋顶内空间利用时，建筑面积的计算，说法正确的是（　　）。
A．净高大于 2.0m 计算全面积　　B．净高等于 2.0m 计算全面积
C．净高等于 2.0m 计算一半面积　　D．净高小于 1.4m 不计算面积

1145．单层建筑物的建筑面积，利用坡屋顶内空间时（　　）。
A．净高超过 2.1m 的部分应计算全面积
B．净高超过 2.1m 的部分应计算一半面积
C．净高在 1.2～2.1m 的部分应不计算面积
D．净高在 1.2～2.2m 的部分应不计算面积

1146．单层建筑物的建筑面积，利用坡屋顶内空间时，下列说法错误的是（　　）。
A．净高超过 2.1m 的部分应计算全面积
B．净高在 1.2～2.1m 的部分应计算 1/2 面积
C．净高不足 1.2m 的部分不计算面积
D．净高在 1.2～2.1m 的部分应不计算面积

1147．根据《建设工程建筑面积计算规范》（GB/T 50353—2005）的规定，多层建筑坡屋顶内和场馆看台下部分被利用时，净高在（　　）的部位计算1/2面积。

A．1.2～2.1m　　B．1.2～2.0m　　C．1.2～2.2m　　D．1.2～2.5m

1148．设计不加利用的深基础架空层，坡地吊脚架空层，多层建筑坡屋顶内场馆看台下的空间（　　）计算建筑面积。

A．按全面积　　B．按1/2面积　　C．不　　D．无规定

1149．关于建筑物的坡地吊脚架空层，说法不正确的是（　　）。

A．设计加以利用并有围护结构的，层高大于2.2m的，按围护结构外围水平面积计算

B．设计加以利用并有围护结构的，层高不足2.2m的，按围护结构外围水平面积一半计算

C．设计加以利用无围护结构的，按利用部位水平面积的一半计算

D．设计不利用时，计算一半建筑面积

1150．关于坡地的建筑物吊脚架空层、深基础架空层的建筑面积，说法错误的是（　　）。

A．设计加以利用并有围护结构的，层高在2.2m及以上的部位应计算全面积

B．设计加以利用并有围护结构的，层高不足2.2m的部位应计算1/2面积

C．设计加以利用并有围护结构的，应计算建筑面积

D．设计加以利用并有围护结构的，层高在2.2m及以上的部位应计算1/2面积

1151．设计加以利用、无围护结构的建筑吊脚架空层，（　　）。

A．应按其利用部位水平面积计算建筑面积

B．不计算建筑面积

C．应按其利用部位水平面积的1/2计算建筑面积

D．以上说法都不对

1152．设计不利用的深基础架空层、坡地吊脚架空层、多层建筑坡屋顶内、场馆看台下的空间，（　　）。

A．应按其水平面积计算　　B．不计算

C．应按其水平面积的1/2计算　　D．应按其利用面积计算

1153．建筑物的门厅、大厅建筑面积，说法错误的是（　　）。

A．按一层计算建筑面积

B．门厅、大厅内设有回廊时，应按其结构底板水平面积计算

C．门厅、大厅内设有回廊时，层高在2.2m及以上者应计算全面积

D．门厅、大厅内设有回廊时，应按其结构底板水平面积1/2计算

1154．门厅、大厅内设有回廊时，应按其结构底板水平面积计算，（　　）。

A．层高在2.1m及以上者应计算全面积

B．层高在2.2m及以上者应计算一半面积

C．层高在2.2m及以上者应计算全面积

D．层高不足2.2m者不计算面积

1155．建筑物的门厅、大厅净高 6m，按（　　）计算建筑面积。

A．实际层　　B．自然层　　C．多层　　D．一层

1156．一幢 2 层的会议厅，室内有楼梯，室外还设有一个疏散楼梯，则该疏散楼梯的建筑面积（　）。

A．按疏散楼梯的水平投影面积计算

B．按疏散楼梯的水平投影面积的 1/2 计算

C．按疏散楼梯的水平投影面积的 3/4 计算

D．不计算

1157．立体书库、立体仓库、立体车库的建筑面积，说法错误的是（　　）。

A．无结构层的按一层计算

B．有结构层的按其结构层面积分别计算

C．无结构层的不计算

D．有结构层的按其结构层面积分别计算，层高在 2.2m 及以上者应计算全面积

1158．立体书库、立体仓库、立体车库的建筑面积，说法正确的是（　　）。

A．层高在 2.1m 及以上者应计算全面积

B．层高在 2.2m 及以上者应计算一半面积

C．层高在 2.2m 及以上者应计算全面积

D．层高不足 2.2m 者不计算面积

1159．有围护结构的舞台灯光控制室的建筑面积，应按其（　　）计算。

A．围护结构外围水平面积的 1/2　　B．底板水平面积

C．水平面积　　D．围护结构外围水平面积

1160．建筑物外有围护结构的落地橱窗、门斗、挑廊、走廊、檐廊的建筑面积，应按其（　　）计算。

A．围护结构外围水平面积的 1/2　　B．底板水平面积

C．水平面积　　D．围护结构外围水平面积

1161．建筑物外有围护结构的挑廊和走廊的建筑面积，应按其围护结构（　　）计算。

A．外围水平面积　　B．水平面积的全面积

C．水平面积的 1/2 面积　　D．轴线围成的水平面积

1162．建筑物外有围护结构的层高 2.2m 的挑廊、檐廊的建筑面积，应（　　）计算。

A．不

B．按围护结构外围水平投影面积的 1/2 计算

C．按围护结构外围水平面积计算

D．条件不足，无法确定

1163．建筑物外有顶盖的无柱走廊（外挑宽度 1.6m）的建筑面积应按（　　）计算。

A．顶盖水平投影面积　　B．顶盖水平投影面积的 1/2

C．围护结构外围面积　　D．走廊中心线长乘以宽度

1164．有永久性顶盖无围护结构的场馆看台的建筑面积应按其（　　）计算。

A．围护结构外围水平面积的 1/2　　B．结构底板水平面积的 1/2

C．顶盖水平投影面积的 1/2　　D．围护结构外围水平面积

1165．设有围护结构不垂直于水平面而超出底板外沿的建筑物，建筑面积应按其（　　）计算。

A．围护结构外围水平面积的 1/2　　B．底板面的外围水平面积

C．顶盖水平投影面积的 1/2　　D．围护结构外围水平面积

1166．室内楼梯间的建筑面积，应（　　）。

A．不计算

B．按结构底板水平面积计算

C．按围护结构外围水平面积计算

D．按楼梯依附的建筑物的自然层数计算并在建筑物面积内

1167．遇跃层建筑，其共用的室内楼梯建筑面积应（　　）。

A．不计算　　B．结构底板水平面积计算

C．按自然层计算　　D．按上层计算

1168．关于高低联跨的建筑物的建筑面积，说法错误的是（　　）。

A．应以高跨结构外边线为界分别计算建筑面积

B．其高低跨内部连通时，其变形缝应计算在低跨面积内

C．其高低跨内部连通时，其变形缝应计算在高跨面积内

D．其高低跨内部连通时，其变形缝也应计算面积

1169．高低联跨的建筑物，其高低跨内部连通时，其变形缝建筑面积（　　）。

A．不计算　　B．计算在低跨面积内

C．计算在高跨面积内　　D．以上说法都不对

1170．建筑物内的变形缝，应（　　）。

A．按其自然层合并在建筑物面积内计算

B．按其自然层 1/2 合并在建筑物面积内计算

C．不计算

D．按其自然层 1/4 合并在建筑物面积内计算

1171．以幕墙作为围护结构的建筑物，应（　　）计算建筑面积。

A．不　　B．按幕墙外边线

C．按围护结构外边　　D．按幕墙中心线

1172．建筑物外墙外侧有保温隔热层的，应（　　）计算建筑面积。

A．不　　B．按外墙外边线

C．按保温隔热层外边线　　D．按保温隔热层中心线

1173．建筑物通道（骑楼、过街楼的底层），应（　　）建筑面积。

A．不计算　　B．按底层面积计算

C．按其水平面积计算　　D．以上说法都不对

1174．屋顶水箱、花架、凉棚、露台、露天游泳池，应（　　）建筑面积。

A．按其水平面积计算　　B．按围护结构外围面积计算

C．不计算　　D．以上说法都不对

1175．（　　）是指上下两层楼面或楼面与地面之间的垂直距离。

A．开间　　B．层高　　C．楼层　　D．以上说法都不对

1176．自然层是按（　　）分层的楼层。

A．结构　　B．楼地面

C．楼板、地板结构　　D．规则

1177．下列计算建筑面积的是（　　）。

A．布景的天桥挑台　　B．装饰面

C．飘窗　　D．建筑物内的变形缝

1178．下列计算建筑面积的是（　　）。

A．布景的天桥挑台　　B．建筑物内的室内楼梯间

C．飘窗　　D．独立烟囱

1179．下列计算建筑面积的是（　　）。

A．建筑物的阳台　　B．用于检修、消防等的室外钢楼梯

C．飘窗　　D．独立烟囱

1180．下列计算建筑面积的是（　　）。

A．地铁隧道　　B．用于检修、消防等的室外钢楼梯

C．有永久性顶盖的室外楼梯　　D．独立烟囱

1181．下列计算建筑面积的是（　　）。

A．地铁隧道

B．设有围护结构不垂直于水平面而超出底板外沿的建筑物

C．设计不利用的坡屋顶

D．凉棚

1182．下列说法错误的是（　　）。

A．有永久性顶盖的室外楼梯，应按建筑物自然层的水平投影面积的 1/2 计算

B．建筑物外墙外侧有保温隔热层的，应按保温隔热层外边线计算建筑面积

C．雨篷结构的外边线至外墙结构外边线的宽度超过 2.1m 者，应按雨篷结构板的水平投影面积的 1/2 计算

D．建筑物内的设备管道夹层按自然层计算

1183．下列说法错误的是（　　）。

A．有永久性顶盖的室外楼梯，应按建筑物自然层的水平投影面积计算

B．建筑物外墙外侧有保温隔热层的，应按保温隔热层外边线计算建筑面积

C．建筑物内的变形缝，应按其自然层合并在建筑物面积内计算

D．建筑物内的设备管道夹层不计算建筑面积

1184．下列说法错误的是（　　）。

A．以幕墙作为围护结构的建筑物，应按幕墙外边线计算建筑面积

B．建筑物的门厅、大厅不计算建筑面积

C．有永久性顶盖无围护结构的走廊应按其结构底板水平面积的 1/2 计算建筑面积

D．建筑物内分隔的单层房间不计算建筑面积

1185．下列说法正确的是（　　）。

A．门厅、大厅内设有回廊时，应按自然层计算

B．有永久性顶盖无围护结构的场馆看台应按其顶盖水平投影面积计算建筑面积

C．建筑物内分隔的单层房间不计算建筑面积

D．高低联跨的建筑物，应以低跨结构外边线为界分别计算建筑面积

1186．下列说法正确的是（　　）。

A．以幕墙作为围护结构的建筑物，幕墙不计算建筑面积

B．有永久性顶盖无围护结构的场馆看台应按其顶盖水平投影面积计算建筑面积

C．建筑物内的室内楼梯间按底板水平投影面积的 1/2 计算建筑面积

D．高低联跨的建筑物，应以高跨结构外边线为界分别计算建筑面积

1187．下列计算一半建筑面积的是（　　）。

A．层高 2.4m 的建筑物顶部楼梯间　　B．层高 2.0m 的舞台灯光控制室

C．层高 1.0m 的坡屋顶内　　D．层高 2.2m 的单层建筑物

1188．下列计算一半建筑面积的是（　　）。

A．层高 2.4m 的建筑物顶部楼梯间　　B．设计不利用的场馆看台下空间

C．层高 2.2m 的坡屋顶内　　D．层高 2.0m 的单层建筑物

1189．下列计算一半建筑面积的是（　　）。

A．层高 2.4m 的地下室　　B．设计不利用的坡地吊脚架空层

C．有永久性顶盖无围护结构的车棚　　D．层高 2.2m 的立体车库

1190．下列计算一半建筑面积的是（　　）。

A．有永久性顶盖无围护结构的场馆看台

B．建筑物内的设备管道夹层

C．层高 2.2m 的设有围护结构不垂直于水平面而超出底板外沿的建筑物

D．屋顶水箱

1191．下列计算全面积的是（　　）。

A．设计不利用的吊脚架空层
B．层高 2.2m 的舞台灯光控制室
C．门厅、大厅内层高不足 2.2m 的回廊
D．有永久性顶盖无围护结构的场馆看台

1192．下列计算全面积的是（　　）。
A．层高 2.1m 的立体车库
B．层高 2.0m 的舞台灯光控制室
C．层高 3.2m 的门厅、大厅
D．有永久性顶盖无围护结构的架空走廊

1193．下列计算全面积的是（　　）。
A．层高 2.4m 的建筑物顶部楼梯间
B．层高 2.0m 的舞台灯光控制室
C．层高 1.2m 的坡屋顶内
D．层高 2.1m 的单层建筑物

1194．下列计算全面积的是（　　）。
A．有永久性顶盖无围护结构的场馆看台
B．层高 2.0m 的舞台灯光控制室
C．层高 2.2m 的大厅回廊
D．有永久性顶盖的室外楼梯

1195．下列不计算建筑面积的是（　　）。
A．有永久性顶盖无围护结构的车棚
B．设有围护结构不垂直于水平面而超出底板外沿的建筑物
C．与建筑物内不相连通的装饰性阳台
D．有永久性顶盖无围护结构的场馆看台

1196．（　　）应计算建筑面积。
A．地下室的采光井
B．室外台阶
C．建筑物内的操作平台
D．电梯井

1197．按照《建筑工程建筑面积计算规范》（GB/T 50353—2005）的规定，以下关于建筑面积计算说法正确的是（　　）。
A．建筑物间有围护结构的架空走廊按其围护结构外围水平投影面积的一半计算
B．有永久性顶盖的室外楼梯按建筑物自然层的水平投影面积之和计算
C．建筑物前的混凝土台阶按其水平投影面积的一半计算
D．有永久性顶盖无围护结构的车棚等按其顶盖水平投影计算

1198．按照《建筑工程建筑面积计算规范》（GB/T 50353—2005）的规定，以下应计算全面积的是（　　）。
A．层高为 2.3m 的地下商店
B．层高为 2.1m 的半地下贮藏室
C．层面上有顶盖和 1.4m 高钢管围栏的凉棚
D．外挑宽度 1.6m 的悬挑雨篷

1199．下列建筑面积计算方法中，符合计算规则的是（　　）。

A．地下仓库应按其上口外墙外围水平面积（不包括采光井、防潮层及保护墙）计算建筑面积

B．地下车库通道出入口，应按其实际面积计算建筑面积

C．电梯井按井筒外围水平面积计算其建筑面积

D．舞台灯光控制室按围护结构外围水平面积计算建筑面积

1200．以下各项中，（　　）不计算建筑面积。

A．层高 2.2m 的设备管道层　　B．建筑物首层大厅里设有的回廊

C．地下车库　　D．建筑物内的垃圾道

1201．按《建筑面积计算规则》，（　　）不计算建筑面积。

A．单排柱的货棚　　B．有盖无柱的走廊

C．建筑物墙　　D．突出外墙的垛

1202．按照《建筑工程建筑面积计算规范》（GB/T 50353—2005）的规定，以下不应计算建筑面积的是（　　）。

A．层高 2.3m 的地下商店　　B．层高 2.3m 的设备管道层

C．外挑宽度为 2.2m 的悬挑雨篷　　D．层高 2.1m 设计利用的吊脚架空层

1203．以下不应该按一半计算建筑面积的是（　　）。

A．有围护结构的挑阳台

B．层高为 1.8m 的设备管道层

C．加以利用的坡屋顶内净高大于 1.2m 不足 2.1 的部分

D．建筑内大厅回廊层高 2.1m 时

1204．以下有关建筑面积计算错误的是（　　）。

A．建筑物的阳台均应按其水平投影面积的 1/2 计算

B．建筑物顶部有围护结构的楼梯间、水箱间、电梯机房等，层高在 2.20m 及以上者应计算全面积

C．建筑物内的变形缝，应按其自然层合并在建筑物面积内计算

D．封闭阳台均应按其水平投影面积计算

1205．根据《建筑工程工程量清单计价规范》（GB 50500—2008），不应计算建筑面积的项目是（　　）。

A．建筑物内电梯井　　B．建筑物大厅回廊

C．阳台　　D．电动扶梯

1206．（　　）计算建筑面积。

A．设计不利用的场馆看台下空间　　B．装饰性幕墙

C．建筑物内自动人行道　　D．加油站

1207．（　　）计算建筑面积。

A．建筑物内的钢筋混凝土上料平台　　B．空调室外机搁板
C．建筑物顶部有围护结构的水箱间　　D．等于 2.0m 宽的雨篷

1208．根据《建筑工程建筑面积计算规则》（GB/T 50353—2005），下列内容中，不应计算建筑面积的是（　）。
A．坡地建筑设计利用但无围护结构的吊脚空层
B．建筑门厅内层高不足 2.2m 的回廊
C．层高不足 2.2m 的立体仓库
D．建筑物内钢筋混凝土操作间

1209．根据《建筑工程建筑面积计算规则》（GB/T 50353—2005），下列内容中，不应计算建筑面积的是（　）。
A．坡地建筑设计利用但无围护结构的吊脚空层
B．建筑门厅内层高不足 2.2m 的回廊
C．层高不足 2.2m 的立体仓库
D．公共建筑物内自动扶梯

1210．根据《建筑工程建筑面积计算规则》（GB/T 50353—2005），下列内容中，应计算建筑面积的是（　　）。
A．层高不足 2.2m 的地下室　　B．与建筑物不连通的装饰性阳台
C．用于检修的室外钢楼梯　　D．层高不足 1.2m 的单层建筑坡屋顶空间

1211．根据《建筑工程建筑面积计算规则》（GB/T 50353—2005），下列内容中，应计算建筑面积的是（　　）。
A．层高不足 2.2m 的地下室　　B．与建筑物不连通的装饰性阳台
C．用于检修的室外钢楼梯　　D．悬挑宽度为 1.8 的雨篷

1212．根据《建筑工程建筑面积计算规范》（GB/T 50353—2005），建筑面积的计算，说法正确的是（　　）。
A．建筑物凹阳台按其水平投影面积计算
B．有永久性顶盖的室外楼梯，按自然层水平投影面积计算
C．建筑物顶部有围护结构的楼梯间，层高超过 2.1m 的部分计算全面积
D．雨篷外挑宽度超过 2.1m 时，按雨篷结构板的水平投影面积的 1/2 计算

1213．根据《建筑工程建筑面积计算规范》（GB/T 50353—2005），不应计算建筑面积的是（　　）。
A．建筑物外墙外侧保温隔热层　　B．建筑物内的变形缝
C．无永久性顶盖的架空走廊　　D．有围护结构的屋顶水箱间

1214．计算建筑面积时不正确的工程量清单计算规则是（　　）。
A．建筑物外有永久性顶盖的无维护结构的走廊，层高超过 2.2m 的全计算
B．建筑物大厅内层高不足 2.2m 的回廊按其结构底板的水平面积的 1/2 计算

C．有永久性顶盖的室外楼梯，按自然层的水平投影面积的 1/2 计算
D．建筑物内的变形缝按其自然层合并在建筑面积内计算

1215．计算建筑面积时不正确的工程量清单计算规则是：（　　）。
A．建筑物顶部有维护结构的楼梯间，层高不足 2.2m 的不计算
B．建筑物大厅内层高不足 2.2m 的回廊按其结构底板的水平面积的 1/2 计算
C．有永久性顶盖的室外楼梯，按自然层的水平投影面积的 1/2 计算
D．建筑物内的变形缝按其自然层合并在建筑面积内计算

1216．下列各项中，不是按其投影面积一半计算建筑面积的有（　　）。
A．无围护结构的凹阳台、挑阳台　　B．层高 5.2m 的单层工业厂房
C．单排柱的车棚、货棚　　D．宽度 2.2m 的雨篷

1217．按照建筑面积计算规则，不计算建筑面积的是（　　）。
A．设计加以利用，层高在 2.1m 以下的场馆看台下的空间
B．不足 2.2m 高的单层建筑
C．层高不足 2.2m 的立体仓库
D．外挑宽度在 2.1m 以内的雨篷

1218．关于建筑面积计算，正确的说法是（　　）。
A．建筑物顶部有围护结构的楼梯间层高不足 2.2m 按 1/2 计算面积
B．建筑物凹阳台计算全部面积，挑阳台按 1/2 计算面积
C．设计不利用的深基础架空层层高不足 2.2m 按 1/2 计算面积
D．建筑物雨篷外挑宽度超过 1.2m 按水平投影面积 1/2 计算面积

1219．关于计算建筑面积计算，正确的说法是（　　）。
A．建筑物内的变形缝不计算建筑面积
B．建筑物室外台阶按水平投影面积计算
C．建筑物外有围护结构的挑廊按围护结构外围水平面积计算
D．地下人防通道超过 2.2m 按结构底板水平面积计算

1220．关于计算建筑面积计算，正确的说法是（　　）。
A．建筑物内的变形缝不计算建筑面积
B．建筑物室外台阶按水平投影面积计算
C．地下人防通道超过 2.2m 按结构底板水平面积计算
D．无永久性顶盖的架空走廊不计算面积

1221．下列错误的是（　　）。
A．围护结构是指围合建筑空间四周的墙体
B．围护结构是指围合建筑空间四周的门
C．围护结构是指围合建筑空间四周的窗
D．围护结构是指围合建筑空间四周的栏杆

1222．下列项目应该计算建筑面积的是（　　）。

A．地下室采光井　　B．电梯井

C．建筑物内的操作平台　　D．穿过建筑物的通道

1223．（　　）计算建筑面积。

A．建筑物内的变形缝　　B．单层建筑物内分隔的房间

C．用于消防检修的室外爬梯　　D．无围护结构的屋顶水箱间

1224．建筑物内的（　　）不应按自然层计算。

A．楼梯井　　B．操作平台　　C．变形缝　　D．通风道

1225．下列计算建筑面积的有（　　）。

A．台阶　　B．外墙面抹灰　　C．室外钢楼梯　　D．管道井

1226．（　　）应计算建筑面积。

A．过街楼的底层　　B．设备管道夹层

C．空调室外机搁板　　D．楼梯间

1227．（　　）应计算建筑面积。

A．楼梯间　　B．设备管道夹层

C．空调室外机搁板　　D．外墙面抹灰

1228．（　　）应计算建筑面积。

A．地下室的采光井　　B．室外台阶

C．建筑物内的变形缝　　D．建筑物的通道

1229．（　　）不应计算建筑面积。

A．屋顶有围护结构的水箱间　　B．凸出墙外的腰线

C．室外有围护结构的楼梯　　D．建筑物内的变形缝

1230．下列项目计算建筑面积的有（　　）。

A．飘窗　　B．建筑物内的变形缝

C．室外消防楼梯　　D．建筑物的通道

1231．（　　）应计算建筑面积。

A．建筑物通道　　B．设备管道夹层　　C．飘窗　　D．有顶盖的车棚

1232．关于建筑面积，下列说法正确的是（　　）。

A．无盖室外钢楼梯不计算

B．无柱雨篷不计算

C．建筑屋顶有围护结构的楼梯间不计算

D．建筑物外有保温隔热层的，此部分不计算

1233．以下不按 1/2 计算建筑面积的项目有（　　）。

A．有顶盖无围护结构的车棚、站台　　B．全封闭的阳台

C．层高大于 2.2m 的管道设备层　　D．有顶无围护结构的走廊

1234．以下应计算建筑面积的有（　　）。

A．地下设备管道夹层　　B．地下仓库

C．垛　　D．自动扶梯

1235．建筑面积应计算 1/2 面积的是（　　）。

A．半地下车库层高不足 2.2m　　B．门厅、大厅内的回廊

C．建筑物的门厅、大厅　　D．立体车库层高在 2.2m 及以上者

1236．以下应计算建筑面积的有（　　）。

A．有永久性顶盖的室外钢筋混凝土楼梯

B．检修用的室外爬梯

C．建筑物内的管道夹层

D．自动扶梯

1237．以下应计算建筑面积的有（　　）。

A．装饰性幕墙　　B．建筑物外墙外侧的保温隔热层

C．建筑物内的管道夹层　　D．自动人行道

1238．以下不按 1/2 计算建筑面积的项目有（　　）。

A．有顶盖无围护结构的车棚、站台　　B．全封闭的阳台

C．层高不足 2.2m 的地下室　　D．变形缝

1239．建筑物内的（　　）不应按自然层计算。

A．楼梯井　　B．室外楼梯　　C．变形缝　　D．通风道

1240．以下按 1/2 计算建筑面积的项目有（　　）。

A．立体书库

B．没有永久性顶盖的室外楼梯

C．建筑物外墙外边线宽度不足 2.1m 的雨篷

D．全封闭的阳台

1241．以下应计算建筑面积的有（　　）。

A．外墙抹灰　　B．楼梯井　　C．室外台阶　　D．自动人行道

1242．以下应计算建筑面积的有（　　）。

A．外墙抹灰

B．地下隧道

C．建筑物外墙外边线宽度大于 2.1m 的雨篷

D．自动人行道

1243．以下应计算全面积的有（　　）。

A．层高 2.2m 的单层建筑物　　B．层高 2.1m 的地下室

C. 层高 2.1m 的建筑门厅　　D. 层高 2.2m 的有顶盖的架空走廊

1244. 应计入建筑面积的有（　　）。
A. 无围护结构的室外楼梯　　B. 200mm 的变形缝
C. 消防楼梯　　D. 地下人防通道

1245. 关于建筑面积计算，说法正确的有（　　）。
A. 悬挑雨篷应按水平投影面积的一半计算
B. 建筑物之间的地下人防通道不计算
C. 悬挑宽度为 1.6m 的檐廊按水平投影面积计算
D. 有围护结构的挑阳台按水平面积计算

1246. 下列计算建筑面积的是（　　）。
A. 突出外墙的附墙柱　　B. 单排柱的车棚
C. 地下室的采光井　　D. 建筑物内层高 2.2m 的设备管道层

1247.（　　）属于计算建筑面积的范围。
A. 建筑物内的储藏室层高超过 2.2m 时
B. 建筑物内上料平台
C. 独立烟囱、烟道、地沟、水塔、栈桥等构筑物
D. 单层建筑物内分隔的单层房间

1248. 关于建筑面积计算，说法不正确的有（　　）。
A. 建筑物外墙外侧有保温隔热层的，应按保温隔热层外边线计算
B. 建筑物之间的地下人防通道不计算
C. 悬挑宽度为 1.6m 的檐廊按水平投影面积计算
D. 有围护结构的挑阳台按水平面积的一半计算

1249. 关于建筑面积计算，说法不正确的有（　　）。
A. 建筑物外墙外侧有保温隔热层的，应按保温隔热层外边线计算
B. 建筑物之间的地下人防通道不计算
C. 装饰性幕墙应按幕墙外边线计算
D. 有围护结构的挑阳台按水平面积的一半计算

1250. 计算建筑面积时不正确的工程量清单计算规则是（　　）。
A. 建筑物顶部有维护结构的楼梯间，层高不足 2.2m 的不计算
B. 建筑物大厅内层高不足 2.2m 的回廊按其结构底板的水平面积的 1/2 计算
C. 有永久性顶盖的室外楼梯，按自然层的水平投影面积的 1/2 计算
D. 建筑物内的变形缝按其自然层合并在建筑面积内计算

1251. 按照建筑面积计算规则，不计算建筑面积的是（　　）。
A. 层高在 2.1m 以下的场馆看台下的空间
B. 不足 2.2m 高的单层建筑

C．层高不足 2.2m 的立体仓库
D．外挑宽度在 2.1m 以内的雨篷

1252．下列项目不是按水平投影面积 1/2 计算建筑面积的有（　　）。
A．有围护结构的阳台　　B．室外楼梯
C．单排柱车棚　　D．不足 2.2m 高的单层建筑

1253．突出外墙的（　　）计算建筑面积。
A．勒脚　　B．墙面抹灰
C．自动扶梯　　D．挑出墙外 2.2m 宽的雨篷

1254．以下关于建筑面积计算说法正确的是（　　）。
A．建筑物内有围护结构的舞台灯光控制室按其外围水平面积的 1/2 计算
B．室内楼梯按其自然层计算
C．建筑物前的混凝土台阶按其水平投影面积的 1/2 计算
D．建筑物间有顶盖的架空走廊按其顶盖水平投影面积的 1/2 计算

1255．关于建筑面积计算，说法正确的是（　　）。
A．建筑物顶部设有围护结构的水箱间层高不足 2.2m 的按面积的 1/2 计算
B．建筑物凹阳台计算全部面积
C．设计不利于的深基础架空层层高不足 2.2m 的按面积的 1/2 计算
D．建筑物雨篷外挑宽度超过 1.2m 的按面积的 1/2 计算

1256．下列说法正确的是（　　）。
A．建筑物内有顶盖的门厅、大厅，均按一层计算建筑面积
B．建筑物内无顶盖的门厅、大厅不计算建筑面积
C．门厅、大厅设有回廊时，按其围护结构的水平面积计算建筑面积
D．门厅、大厅设有回廊时，按其围护结构的水平面积的 1/2 计算建筑面积

1257．下列说法正确的是（　　）。
A．悬挑雨篷应按水平投影面积的 1/2 计算建筑面积
B．建筑物之间的地下人防通道计算建筑面积
C．有围护结构的挑阳台按水平面积的 1/2 计算建筑面积
D．有围护结构的挑阳台按水平面积计算建筑面积

1258．按建筑面积计算规则，不计算建筑面积的是（　　）。
A．层高不足 2.1m 的场馆看台下空间　　B．不足 2.2m 高的单层建筑
C．层高不足 2.2m 的立体车库　　D．设备管道夹层

1259．下列各项，应计算建筑面积的是（　　）。
A．露台　　B．室外台阶　　C．装饰性幕墙　　D．阳台

1260．下列计算建筑面积的是（　　）。
A．车棚　　B．过街楼的底层　　C．自动扶梯　　D．附墙柱

1261．下列不计算建筑面积的有（　　）。

A．飘窗　　B．垃圾道　　C．管道井　　D．变形缝

1262．下列应计算建筑面积的是（　　）。

A．单层建筑层高大于 2.2m 的　　B．建筑物内的管道夹层

C．检修用的室外爬梯　　D．建筑物内的操作平台

1263．下列关于建筑面积描述错误的是（　　）。

A．地下室、半地下室应以其外墙上口外边线所围水平面积计算

B．设有围护结构、不垂直于水平面而超出底板外沿的建筑物，应按其底板面的外围水平面积计算

C．高低连跨的建筑物，应以低跨结构外边线为界计算

D．建筑物的变形缝，应以自然层合并在建筑面积内计算

1264．下列计算建筑面积的是（　　）。

A．附墙柱　　B．台阶　　C．设备管道层　　D．室内楼梯

1265．下列计算建筑面积的是（　　）。

A．附墙柱　　B．勒脚　　C．露天游泳池　　D．保温隔热层

1266．下列计算建筑面积的是（　　）。

A．建筑物内的操作平台

B．墙面抹灰

C．垛

D．有永久性顶盖、无围护结构的场馆看台

1267．下列计算建筑面积的是（　　）。

A．飘窗　　B．立体车库　　C．自动扶梯　　D．独立烟囱

1268．下列计算建筑面积的是（　　）。

A．无永久性顶盖的室外楼梯　　B．消防梯

C．有永久性顶盖的车棚　　D．地沟

1269．下列不计算建筑面积的是（　　）。

A．建筑门厅层高不足 2.2m 的回廊

B．层高不足 2.2m 立体仓库

C．坡地建筑设计利用但无围护结构的吊脚架空层

D．建筑物内钢筋混凝土操作平台

1270．下列计算建筑面积的是（　　）。

A．层高不足 2.2m 的地下室

B．悬挑宽度为 1.2m 的雨篷

C．与建筑物不连通的装饰性阳台

D．层高不足 1.2m 的单层建筑物坡屋顶空间

1271．下列关于建筑面积计算的说法正确的是（　　）。
A．建筑物凹阳台按其水平投影面积计算
B．有永久性顶盖的室外楼梯，按自然层水平投影面积计算
C．建筑物顶部有围护结构的楼梯间，层高超过 2.1m 的部分计算全面积
D．雨篷外挑宽度超过 2.1m 时，按雨篷结构板的水平投影面积的 1/2 计算

1272．下列关于建筑面积计算的说法正确的是（　　）。
A．建筑物内的变形缝不计算
B．建筑物室外台阶按水平投影面积计算
C．建筑物外有围护结构的挑廊按围护结构外围水平面积计算
D．地下人防通道超过 2.2m 时按结构底板水平面积计算

1273．下列说法正确的是（　　）。
A．建筑物内的设备管道夹层可计算建筑面积
B．建筑面积包括有效面积与结构面积
C．宽度等于 2.0m 的雨篷按雨篷结构板的水平投影面积的一半计算建筑面积
D．地下人防通道应计算建筑面积

1274．下列不应计算 1/2 建筑面积的是（　　）。
A．有围护结构的挑阳台
B．层高 1.8m 的设备管道夹层
C．设计加以利用的坡屋顶内净高超过 1.2m 不足 2.1m 的部分
D．建筑物内大厅回廊层高 2.1m 时

1275．某地下仓库层高为 3.6m，在计算其建筑面积时，应包括下列（　　）部分。
A．采光井　　B．外墙防潮层
C．保护墙　　D．有永久性顶盖的出入口

1276．下列应计算建筑面积的是（　　）。
A．地下人防通道　　B．建筑物中的底层过街楼
C．无永久性顶盖的架空走廊　　D．建筑物外墙外侧的保温隔热层

1277．下列应计算全部面积的是（　　）。
A．屋顶上的凉棚　　B．层高 2.1m 的半地下室储藏室
C．外挑宽度 2.2m 的悬挑雨篷　　D．层高 2.3m 的地下商场

1278．下列说法错误的是（　　）。
A．单层建筑物的建筑面积，应按其外墙勒脚以上结构外围水平面积计算
B．单层建筑物高度 2.2m 的计算一半全面积建筑面积
C．单层建筑物高度不足 2.2m 的应计算 1/2 面积
D．单层建筑物内设有局部楼层的，局部楼层的二层及以上楼层，有围护结构的应

按其围护结构外围水平面积计算建筑面积

1279. 下列说法错误的是（　　）。

A. 单层建筑物内设有局部楼层的，局部楼层的二层及以上楼层，有围护结构的应按其围护结构外围水平面积计算建筑面积

B. 单层建筑物内设有局部楼层的，局部楼层的二层及以上楼层，无围护结构的应按其结构底板水平面积计算建筑面积

C. 单层建筑物内设有局部楼层的，局部楼层的二层及以上楼层，有围护结构的应按其结构底板水平面积计算建筑面积

D. 单层建筑物内设有局部楼层的，局部楼层的二层及以上楼层，层高不足 2.20m 者应计算 1/2 面积建筑面积

1280. 下列关于建筑物面积计算的说法错误的是（　　）。

A. 多层建筑物首层应按其外墙勒脚以上结构外围水平面积计算

B. 多层建筑物二层及以上楼层应按其外墙结构外围水平面积计算

C. 单层建筑物的建筑面积，应按其外墙勒脚以上结构外围水平面积计算

D. 多层建筑坡屋顶内和场馆看台下，当设计加以利用时净高超过 2.2m 的部位应计算全面积

1281. 下列关于建筑物面积计算的说法错误的是（　　）。

A. 多层建筑坡屋顶内和场馆看台下，当设计加以利用时净高超过 2.1m 的部位应计算全面积

B. 坡地的建筑物吊脚架空层、深基础架空层，设计加以利用并有围护结构的，层高在 2.2m 及以上的部位应计算全面积

C. 单层建筑物的建筑面积，应按其外墙勒脚以上结构外围水平面积计算

D. 多层建筑物首层应按其外墙结构外围水平面积计算

1282. 下列关于建筑物面积计算的说法正确的是（　　）。

A. 多层建筑坡屋顶内和场馆看台下，当设计加以利用时净高超过 2.1m 的部位应计算全面积

B. 坡地的建筑物吊脚架空层、深基础架空层，设计加以利用并有围护结构的，层高在 2.1m 及以上的部位应计算全面积

C. 多层建筑坡屋顶内和场馆看台下，当设计不利用时净高超过 2.1m 的部位也应计算全面积

D. 多层建筑物首层应按其外墙结构外围水平面积计算

1283. 下列关于建筑物面积计算的说法正确的是（　　）。

A. 多层建筑坡屋顶内和场馆看台下，当设计加以利用时净高超过 2.1m 的部位应计算全面积

B. 坡地的建筑物吊脚架空层、深基础架空层，设计加以利用并有围护结构的，层高不足 2.2m 的部位不计算面积

C．设计加以利用、无围护结构的建筑吊脚架空层，应按其利用部位水平面积计算

D．建筑物的门厅、大厅根据其高度计算

1284．下列关于建筑物面积计算的说法错误的是（　　）。

A．建筑物的门厅、大厅按一层计算

B．多层建筑物二层及以上楼层应按其内墙结构外围水平面积计算

C．设计加以利用、无围护结构的建筑吊脚架空层，应按其利用部位水平面积的 1/2 计算

D．建筑物间有围护结构的架空走廊，应按其围护结构外围水平面积计算

1285．下列关于建筑物面积计算的说法错误的是（　　）。

A．有围护结构的舞台灯光控制室，应按其围护结构外围水平面积计算

B．建筑物外有围护结构的落地橱窗、门斗、挑廊、走廊、檐廊，应按其围护结构外围水平面积计算

C．有永久性顶盖无围护结构的架空走廊应按其结构底板水平面积计算

D．有永久性顶盖无围护结构的场馆看台应按其顶盖水平投影面积的 1/2 计算

1286．下列关于建筑物面积计算的说法错误的是（　　）。

A．有永久性顶盖无围护结构的场馆看台应按其顶盖水平投影面积的 1/2 计算

B．有永久性顶盖无围护结构的应按其结构底板水平面积的 1/2 计算

C．建筑物间有围护结构的架空走廊，应按其围护结构外围水平面积计算

D．有永久性顶盖的室外楼梯，应按建筑物自然层的水平投影面积计算

1287．下列关于建筑物面积计算的说法错误的是（　　）。

A．建筑物顶部有围护结构的楼梯间、水箱间、电梯机房等，层高在 2.2m 及以上者应计算全面积

B．雨篷结构的外边线至外墙结构外边线的宽度超过 2.1m 者，应按雨篷结构板的水平投影面积计算

C．建筑物内的室内楼梯间、电梯井、附墙烟囱应按建筑物的自然层计算

D．有永久性顶盖的室外楼梯，应按建筑物自然层的水平投影面积的 1/2 计算

1288．下列关于建筑物面积计算的说法错误的是（　　）。

A．建筑物内的室内楼梯间、电梯井、附墙烟囱应按建筑物的自然层计算

B．设有围护结构不垂直于水平面而超出底板外沿的建筑物，应按其底板面的外围水平面积计算

C．有永久性顶盖的室外楼梯，应按建筑物自然层的水平投影面积的 1/2 计算

D．建筑物的阳台均应按其水平投影面积计算

1289．下列关于建筑物面积计算的说法错误的是（　　）。

A．建筑物内的室内楼梯间、电梯井、附墙烟囱应按建筑物的自然层计算

B．设有围护结构不垂直于水平面而超出底板外沿的建筑物，应按其底板面的外围水平面积计算

C. 有永久性顶盖的室外楼梯，应按建筑物自然层的水平投影面积计算
D. 建筑物的阳台均应按其水平投影面积的 1/2 计算

1290. 下列关于建筑物面积计算的说法错误的是（　　）。
A. 建筑物内的室内楼梯间、电梯井、附墙烟囱不应计算建筑面积
B. 设有围护结构不垂直于水平面而超出底板外沿的建筑物，应按其底板面的外围水平面积计算
C. 有永久性顶盖的室外楼梯，应按建筑物自然层的水平投影面积计算
D. 建筑物的阳台均应按其水平投影面积的 1/2 计算

1291. 下列关于建筑物面积计算的说法正确的是（　　）。
A. 多层建筑坡屋顶内和场馆看台下，当设计加以利用时净高超过 2.1m 的部位应计算全面积
B. 建筑物间有围护结构的架空走廊，应按其围护结构外围水平面积的 1/2 计算
C. 有永久性顶盖无围护结构的架空走廊应按其结构底板水平面积计算
D. 建筑物的门厅、大厅根据其高度计算

1292. 下列关于建筑物面积计算的说法正确的是（　　）。
A. 有围护结构的舞台灯光控制室，应按其围护结构外围水平面积的 1/2 计算
B. 建筑物外有围护结构的落地橱窗，应按其围护结构外围水平面积计算
C. 有永久性顶盖无围护结构的场馆看台应按其顶盖水平投影面积计算
D. 建筑物的门厅、大厅根据其高度计算

1293. 下列关于建筑物面积计算的说法正确的是（　　）。
A. 有永久性顶盖无围护结构的场馆看台应按其顶盖水平投影面积计算
B. 有永久性顶盖的室外楼梯，应按建筑物自然层的水平投影面积计算
C. 多层建筑坡屋顶内和场馆看台下，当设计加以利用时净高超过 2.1m 的部位应计算全面积
D. 建筑物的阳台均应按其水平投影面积计算

1294. 下列关于建筑物面积计算的说法错误的是（　　）。
A. 建筑物的阳台均应按其水平投影面积的 1/2 计算
B. 有永久性顶盖的室外楼梯，应按建筑物自然层的水平投影面积的 1/2 计算
C. 高低联跨的建筑物，应以高跨结构外边线为界分别计算
D. 建筑物的阳台均应按其水平投影面积计算

1295. 下列关于建筑物面积计算的说法错误的是（　　）。
A. 高低联跨的建筑物，应以高跨结构外边线为界分别计算
B. 高低联跨的建筑物，其高低跨内部连通时，其变形缝应计算在低跨面积内
C. 建筑物的阳台均应按其水平投影面积的 1/2 计算
D. 有永久性顶盖的室外楼梯，应按建筑物自然层的水平投影面积计算

1296. 下列关于建筑物面积计算的说法错误的是（　　）。

A．高低联跨的建筑物，应以低跨结构外边线为界分别计算
B．高低联跨的建筑物，其高低跨内部连通时，其变形缝应计算在低跨面积内
C．建筑物的阳台均应按其水平投影面积的 1/2 计算
D．有永久性顶盖的室外楼梯，应按建筑物自然层的水平投影面积的 1/2 计算

1297．下列关于建筑物面积计算的说法正确的是（　　）。
A．有永久性顶盖无围护结构的车棚应按其水平投影面积计算
B．建筑物外有围护结构的落地橱窗，应按其围护结构外围水平面积计算
C．有围护结构的舞台灯光控制室，应按其围护结构外围水平面积的 1/2 计算
D．有永久性顶盖无围护结构的场馆看台应按其顶盖水平投影面积计算

1298．下列关于建筑物面积计算的说法正确的是（　　）。
A．有永久性顶盖无围护结构的场馆看台应按其顶盖水平投影面积计算
B．设有围护结构不垂直于水平面而超出底板外沿的建筑物，应按其底板面的外围水平面积的 1/2 计算
C．立体书库、立体仓库、立体车库，无结构层的按一层计算
D．建筑物的阳台均应按其水平投影面积计算

1299．下列关于建筑物面积计算的说法错误的是（　　）。
A．高低联跨的建筑物，应以高跨结构外边线为界分别计算
B．高低联跨的建筑物，其高低跨内部连通时，其变形缝应计算在低跨面积内
C．建筑物的阳台均应按其水平投影面积的 1/2 计算
D．有永久性顶盖无围护结构的收费站应按其水平投影面积计算

1300．下列关于建筑物面积计算的说法错误的是（　　）。
A．高低联跨的建筑物，应以高跨结构外边线为界分别计算
B．高低联跨的建筑物，其高低跨内部连通时，其变形缝应计算在高跨面积内
C．以幕墙作为围护结构的建筑物，应按幕墙外边线计算
D．有永久性顶盖无围护结构的走廊应按其结构底板水平面积的 1/2 计算

1301．下列关于建筑物面积计算的说法错误的是（　　）。
A．高低联跨的建筑物，应以高跨结构外边线为界分别计算
B．建筑物外墙外侧有保温隔热层的，应按保温隔热层外边线计算
C．以幕墙作为围护结构的建筑物，应按幕墙外边线计算
D．建筑物的阳台均应按其水平投影面积计算

1302．下列关于建筑物面积计算的说法错误的是（　　）。
A．高低联跨的建筑物，应以低跨结构外边线为界分别计算
B．建筑物外墙外侧有保温隔热层的，应按保温隔热层外边线计算
C．以幕墙作为围护结构的建筑物，应按幕墙外边线计算
D．建筑物内的变形缝，应按其自然层合并在建筑物面积内计算

1303．下列关于建筑物面积计算的说法错误的是（　　）。

A．有永久性顶盖无围护结构的场馆看台应按其顶盖水平投影面积的 1/2 计算
B．建筑物外墙外侧有保温隔热层的，应按保温隔热层外边线计算
C．建筑物内的变形缝，不计算建筑物面积
D．以幕墙作为围护结构的建筑物，应按幕墙外边线计算

1304．下列关于建筑物面积计算的说法错误的是（　　）。
A．有永久性顶盖无围护结构的场馆看台应按其顶盖水平投影面积的 1/2 计算
B．建筑物内的变形缝，不计算建筑物面积
C．建筑物的门厅、大厅按一层计算
D．以幕墙作为围护结构的建筑物，应按幕墙外边线计算

1305．在清单报价中土方计算应以（　　）以体积计算
A．几何公式考虑放坡、操作工作面等因素计算
B．基础挖土方按基础垫层底面积加工作面乘挖土深度
C．基础挖土方按基础垫层底面积加支挡土板宽度乘挖土深度
D．基础挖土方按基础垫层底面乘挖土深度

1306．一建筑物平面轮廓尺寸为 60m×15m，其场地平整工程量为（　　）。
A．960m^2　　B．1054m^2　　C．900m^2　　D．1350m^2

1307．建筑物的场地平整工程量应（　　）。
A．按照实际体积计算
B．按照地下面积计算
C．按照设计图示尺寸以建筑物首层面积计算
D．按照基坑开挖上口面积计算

1308．已知某建筑物外边线长 20m，宽 15m，其平整场地工程量为（　　）。
A．456m^2　　B．300m^2　　C．374m^2　　D．415m^2

1309．人工平整场地，挖填土方厚度在 30cm 以上，应按（　　）计算。
A．沟槽挖土方　　B．平整场地　　C．基坑挖土方　　D．挖填土方

1310．人工平整场地，是指建筑场地挖、填土方厚度在±（　　）以内的就地挖、填，找平。
A．200mm　　B．300mm　　C．350mm　　D．400mm

1311．长 60m 沟槽挖土方，槽底垫层宽度 0.6m，槽底至设计地坪 1.4m，其挖土方量是（　　）。
A．126m^3　　B．100.8m^3　　C．50.4m^3　　D．100m^3

1312．下列关于基础土方开挖工程量计算规则说法中，正确的是（　　）。
A．按考虑放坡、工作面后的土方体积计
B．按建筑物首层面积以 m^2 计

C．按基础垫层底面积乘挖土深度以体积计

D．按中心线长乘横断面计

1313．下列挖基础土方工程量计算，正确的是（　　）。

A．基础设计底面积×基础埋深

B．基础设计底面积×基础设计高度

C．基础垫层设计底面积×挖土深度

D．基础垫层设计底面积×基础设计高度和垫层厚度之和

1314．土石方工程中以 m 作为计量单位计算的有（　　）。

A．预裂爆破　　B．土石方开挖　　C．土石方运输　　D．土石方回填

1315．土建工程中的土方工程量计算规则规定：凡图示沟槽底宽在 7m 以内，且沟槽长大于槽宽 3 倍以上的为（　　）。

A．基坑　　B．地槽　　C．挖土方　　D．平整场地

1316．石方工程中预裂爆破的工程量计算应按（　　）。

A．设计图示以天然密实体积计算　　B．设计图示以钻孔总长度计算

C．设计不同孔径以孔数计算　　D．设计不同孔深以孔数计算

1317．土石方工程不包括（　　）。

A．土方工程　　B．石方工程　　C．土钉支护　　D．土石回填

1318．土方工程项目不包括（　　）。

A．平整场地　　B．预裂爆破　　C．管沟土方　　D．挖淤泥

1319．土壤、岩石体积均按（　　）计算。

A．夯实后的体积　　B．松散体积

C．天然的密实体积　　D．天然的体积

1320．下列关于挖土方工程量计算规则说法中，正确的是（　　）。

A．按考虑放坡、工作面后的土方体积计算

B．按设计图示尺寸以面积计算

C．按设计图示尺寸以体积计算

D．按设计图示尺寸以长度计算

1321．挖土方的工程量按设计图示尺寸的体积计算，此时的体积是指（　　）。

A．虚方体积　　B．夯实后体积　　C．松填体积　　D．天然密实体积

1322．下列关于冻土开挖工程量计算规则说法中，正确的是（　　）。

A．按按设计图示尺寸开挖面积乘以厚度以体积计算

B．按设计图示尺寸以面积计算

C．按设计图示尺寸放坡上口面积乘以厚度以体积计算

D．按设计图示尺寸以长度计算

1323．下列关于挖淤泥、流沙工程量计算规则说法中，正确的是（　　）。

A．按考虑放坡、工作面后的土方体积计算

B．按设计图示尺寸以面积计算

C．按设计图示位置、界限以体积计算

D．按设计图示尺寸以长度计算

1324．下列关于管沟土方工程量计算规则说法中，正确的是（　　）。

A．按设计图示尺寸以面积计算

B．按设计图示以管道中心线长度计算

C．按设计图示位置、界限以体积计算

D．以上说法都不对

1325．下列说法错误的是（　　）。

A．平整场地工程量按设计图示建筑物首层面积计算，如果有悬挑阳台，则合并计算

B．平整场地厚度在±30cm以内的挖、填、运、找平

C．平整场地工程量按设计图示建筑物首层面积计算，如果有落地阳台，则合并计算

D．管沟土方工程量按设计图示以管道中心线长度计算

1326．挖土方平均厚度应按（　　）确定。

A．自然地面测量标高至设计地坪标高间的厚度

B．自然地面测量标高至设计地坪标高间的平均厚度

C．自然地面标高至设计地坪标高间的厚度

D．自然地面标高至设计标高间的厚度

1327．关于基础土方、石方开挖深度，说法正确的是（　　）。

A．应按基础垫层底上表面标高至交付施工场地标高确定

B．应按基础表面标高至交付施工场地标高确定

C．无交付施工场地标高时，应按自然地面标高确定

D．以上说法都不对

1328．关于管沟土（石）方工程量，说法错误的是（　　）。

A．应按设计图示尺寸以长度计算

B．有管沟设计时，平均深度以沟垫层底表面标高至交付施工场地标高计算

C．无管沟设计时，直埋管深度应按管底外表面标高至场地标高高度计算

D．无管沟设计时，直埋管深度应按管底外表面标高至交付施工场地标高的平均高度计算

1329．下列说法正确的是（　　）。

A．带形基础应按不同面积编码列项

B．挖基础土方包括带形基础、独立基础、满堂基础（包括地下室基础）及设备基础、人工挖孔桩等的挖方

C．独立基础和满堂基础应按不同底宽和深度分别编码列项

D．独立基础和满堂基础应合并列项

1330．干湿土的划分应按（　　）为界。

A．地质资料提供的地下常水位　　B．土方密实程度

C．国家规定部位　　D．设计文件规定

1331．石方工程项目不包括（　　）。

A．预裂爆破　　B．挖淤泥　　C．石方开挖　　D．管沟石方

1332．石方工程中石方开挖的工程量计算应按（　　）。

A．设计图示尺寸以体积计算　　B．设计图示以钻孔总长度计算

C．设计图示尺寸以面积计算　　D．以上说法都不对

1333．石方工程中管沟石方的工程量计算应按（　　）。

A．设计图示尺寸以体积计算

B．设计图示以面积计算

C．设计图示尺寸以管道中心线长度计算

D．设计图示尺寸以长度计算

1334．下列说法正确的是（　　）。

A．土方回填仅包括土石方回填 1 个清单项目

B．土方回填的项目编码是 010203

C．土方回填的项目编码是 010102

D．土方回填的项目编码是 010104

1335．土方回填的工程量计算应按（　　）。

A．设计图示尺寸以面积计算　　B．设计图示尺寸以体积计算

C．设计图示尺寸以长度计算　　D．设计图示尺寸以质量计算

1336．关于场地回填的计算规则，说法正确的是（　　）。

A．应按回填面积乘以回填厚度计算

B．应按回填面积计算

C．应按回填面积乘以平均回填厚度计算

D．应按主墙间净面积计算

1337．关于室内回填的计算规则，说法正确的是（　　）。

A．应按主墙间净面积乘以回填厚度计算

B．应按主墙间净面积计算

C．应按回填面积乘以平均回填厚度计算

D．应按回填面积计算

1338．关于基础回填的计算规则，说法正确的是（　　）。

A．应按主墙间净面积乘以回填厚度计算

B．应按挖方体积减去设计室外地坪以下埋设的基础体积计算

C．应按回填面积乘以平均回填厚度计算
D．应按回填面积计算

1339．下列说法正确的是（　　）。
A．埋设的基础体积不包括基础垫层及其他构筑物
B．管沟石方应按设计图示以体积计算
C．室内回填应按主墙间净面积乘以回填厚度计算
D．室内回填应按回填面积计算

1340．土壤及岩石共分为（　　）。
A．8 类　　B．7 类　　C．6 类　　D．5 类

1341．内墙土方地槽长度按（　　）计算。
A．内墙中心线长度　　B．内墙净长线长度
C．内墙基础垫层净长线长度　　D．内墙基底净长线长度

1342．平整场地按建筑物首层面积计算，其落地阳台的面积（　　）。
A．计算全面积　　B．计算 1/2　　C．计算 1/4　　D．不计算面积

1343．下列说法正确的是（　　）。
A．土石方体积应按挖掘后的松散体积计算
B．土壤及岩石共分为 4 类
C．基础土方、石方开挖深度应按基础垫层底表面标高至交付施工场地标高确定
D．管沟土（石）方工程量应按设计图示尺寸以体积计算

1344．下列说法错误的是（　　）。
A．预裂爆破按设计图示以钻孔体积计算
B．挖淤泥、流沙按设计图示位置、界限以体积计算
C．管沟石方按设计图示以管道中心线长度计算
D．土（石）方回填按设计图示尺寸以体积计算

1345．下列说法错误的是（　　）。
A．预裂爆破按设计图示以钻孔总长度计算
B．挖基础土方按设计图示尺寸以基础底面积乘以挖土深度计算
C．管沟石方按设计图示以管道中心线长度计算
D．挖淤泥、流沙按设计图示位置、界限以体积计算

1346．下列说法错误的是（　　）。
A．预裂爆破按设计图示以钻孔总长度计算
B．挖土方按设计图示尺寸以体积计算
C．平整场地按设计图示尺寸以建筑物面积计算
D．挖淤泥、流沙按设计图示位置、界限以体积计算

1347．下列说法错误的是（　　）。

A．挖土方按设计图示尺寸以体积计算
B．平整场地按设计图示尺寸以建筑物首层面积计算
C．冻土开挖按设计图示尺寸开挖面积乘以厚度以体积计算
D．石方开挖按设计图示尺寸以面积计算

1348．下列说法正确的是（　　）。
A．土（石）方回填按设计图示尺寸以体积计算
B．室内回填按回填面积乘以平均回填厚度
C．预裂爆破按设计图示以钻孔体积计算
D．挖淤泥、流沙按设计图示地面面积计算

1349．下列说法正确的是（　　）。
A．挖土方按设计图示尺寸以放坡后体积计算
B．挖基础土方按设计图示尺寸以基础垫层底面积乘以挖土深度计算
C．预裂爆破按设计图示以钻孔体积计算
D．场地回填按主墙间净面积乘以回填厚度

1350．下列说法错误的是（　　）。
A．预裂爆破按设计图示以钻孔总长度计算
B．挖土方按设计图示尺寸以体积计算
C．基础回填：挖方体积减去设计室外地坪以下埋设的基础体积（不包括基础垫层及其他构筑物）
D．土石方体积应按挖掘前的天然密实体积计算

1351．下列说法错误的是（　　）。
A．挖土方按设计图示尺寸以体积计算
B．平整场地按设计图示尺寸以建筑物首层面积计算
C．冻土开挖按设计图示尺寸开挖面积乘以厚度以体积计算
D．湿土的划分应按地质资料提供的地下常水位为界，地下常水位以上为湿土

1352．下列说法错误的是（　　）。
A．预裂爆破按设计图示以钻孔总长度计算
B．平整场地是指在±30cm以内的挖、填、运、找平
C．冻土开挖按开挖长度计算
D．土石方体积应按挖掘前的天然密实体积计算

1353．桩与地基基础工程不包括（　　）。
A．混凝土桩　　B．其他桩
C．地基与边坡处理　　D．土石方回填

1354．边坡土钉支护工程量应按（　　）。
A．设计图示尺寸以支护面积计算　　B．设计土钉数量以根数计算
C．设计土钉数量以质量计算　　D．设计支护面积×土钉长度以体积计算

1355. 预制钢筋混凝土桩工程量应按（   ）。

A. 按设计图示尺寸以桩长（不包括桩尖）或根数计算

B. 按设计图示尺寸以桩长（包括桩尖）或根数计算

C. 按设计图示尺寸以体积计算

D. 按设计图示尺寸以面积计算

1356. 混凝土灌注桩工程量应按（   ）。

A. 按设计图示尺寸以桩长（不包括桩尖）或根数计算

B. 按设计图示尺寸以桩长（包括桩尖）或根数计算

C. 按设计图示尺寸以体积计算

D. 按设计图示尺寸以面积计算

1357. 混凝土预制桩长度为8.3m（其中桩尖长度为0.3m），断面尺寸为300mm×300mm，共16根，混凝土桩的工程量清单为（   ）。

A. 128m   B. 11.52m^3 C. 11.95m^3 D. 16根

1358. 接桩工程量应（   ）。

A. 按设计图示规定以接头数量计算   B. 板桩按接头面积计算

C. 按设计图示尺寸以体积计算   D. 按设计图示尺寸以面积计算

1359. 不按设计图示尺寸以桩长（包括桩尖）计算的有（   ）。

A. 接桩   B. 灰土挤密桩

C. 混凝土灌注桩   D. 喷粉桩

1360. 地下连续墙工程量应（   ）。

A. 按设计图示墙外边线长乘以厚度乘以槽深以体积计算

B. 按设计图示墙中心线长乘以厚度乘以槽深以体积计算

C. 按设计图示墙的中心线长度计算

D. 以上说法都不对

1361. 振冲灌注碎石的工程量应（   ）。

A. 按设计图示孔深乘以孔截面积以体积计算

B. 按设计图示孔深以长度计算

C. 按设计图示孔截面积计算

D. 按设计图示体积计算

1362. 地基强夯的工程量应（   ）。

A. 按设计图示尺寸以体积计算   B. 按设计图示尺寸以长度计算

C. 按设计图示尺寸以面积计算   D. 按设计图示尺寸以支护面积计算

1363. 锚杆支护的工程量应（   ）。

A. 按设计图示尺寸以体积计算   B. 按设计图示尺寸以支护面积计算

C. 按设计图示尺寸以长度计算   D. 按设计图示尺寸以面积计算

1364. 下列说法正确的是（　　）。

A. 土钉支护的工程量按设计图示尺寸以支护面积计算

B. 锚杆支护工程量按设计图示尺寸以支护体积计算

C. 旋喷桩工程量按设计图示尺寸以桩长（不包括桩尖）计算

D. 喷粉桩工程量按设计图示尺寸以桩长（不包括桩尖）计算

1365. 下列说法错误的是（　　）。

A. 土钉支护的工程量按设计图示尺寸以支护面积计算

B. 锚杆支护工程量按设计图示尺寸以支护面积计算

C. 旋喷桩工程量按设计图示尺寸以桩长（不包括桩尖）计算

D. 灰土挤密桩的工程量按设计图示尺寸以桩长（包括桩尖）计算

1366. 下列项目工程量清单计算时，以 m^2 为计量单位的是（　　）。

A. 旋喷桩　　B. 混凝土灌注桩

C. 地下连续墙　　D. 地基强夯

1367. 下列项目工程量清单计算时，以 m^3 为计量单位的是（　　）。

A. 旋喷桩　　B. 混凝土灌注桩

C. 地下连续墙　　D. 地基强夯

1368. 下列项目工程量清单计算时，以 m 为计量单位的是（　　）。

A. 混凝土灌注桩　　B. 土钉支护

C. 地下连续墙　　D. 地基强夯

1369. 有关地基与边坡处理叙述错误的是（　　）。

A. 锚杆支护按设计图示尺寸以支护面积计算

B. 振冲灌注碎石按设计图示孔深乘以孔截面积以体积计算

C. 地下连续墙按设计图示墙中心线长乘以厚度乘以槽深以体积计算

D. 土钉支护按设计图示尺寸以支护体积计算

1370. 关于地基与基础工程的工程量计算规则，正确的说法是（　　）。

A. 旋喷桩按设计图示尺寸以桩长（包括桩尖）计算

B. 振冲灌注碎石按设计图示数量计算

C. 土钉支护按设计图示尺寸以支护体积计算

D. 地下连续墙按设计图示墙中心线长度计算

1371. 下列说法正确的是（　　）。

A. 混凝土桩包括送桩项目清单

B. 地基与边坡处理的项目编码为 010203

C. 其他桩的项目编码是 010201

D. 其他桩的项目编码是 010102

1372. 下列关于砌筑工程，说法正确的是（　　）。

A．砌筑工程适用于建筑物和构筑物的砌筑工程，主要包括砌砖、砌石、砌混凝土

B．砌筑工程适用于建筑物的砌筑工程，不适用于构筑物的砌筑

C．砌筑工程适用于构筑物的砌筑工程，不适用于建筑物的砌筑

D．砌筑工程适用于建筑物和构筑物的砌筑工程，主要包括砖砌体、石砌体、砌块砌体等

1373．砌筑工程的项目编码是（　　）。

A．0102　　B．0103　　C．0203　　D．0204

1374．砌筑工程中砖基础的项目编码是（　　）。

A．010201　　B．010202　　C．010301　　D．010402

1375．关于砖基础，以下说法正确的是（　　）。

A．砖基础项目包括砖基础 1 个清单项目

B．砖基础项目包括砖基础、基础大放脚 2 个清单项目

C．砖基础项目包括砖基础、基础大放脚、防潮层 3 个清单项目

D．砖基础项目包括砖基础、基础大放脚、防潮层、垫层 4 个清单项目

1376．关于砖基础，以下说法正确的是（　　）。

A．砖基础项目适用于砖墙基础、砖柱基础、砖烟囱基础，不适用于管道基础

B．砖基础项目适用于砖墙基础、砖柱基础、砖烟囱基础、砖水塔基础、管道基础等

C．砖基础项目适用于砖墙基础、砖柱基础，不适用于砖烟囱基础、砖水塔基础等

D．砖基础项目只适用于砖墙基础

1377．砖基础的工程内容不包括（　　）。

A．砂浆制作、运输　　B．砌砖

C．铺设防潮层　　D．铺设垫层

1378．砖基础的项目特征不包括（　　）。

A．垫层厚度　　B．砖品种、规格

C．砖强度等级　　D．砂浆强度等级

1379．砖基础的项目特征不包括（　　）。

A．砖品种、规格　　B．砖强度等级

C．基础宽度　　D．砂浆强度等级

1380．砖基础的工程量计算规则是按设计图示尺寸（　　）。

A．以基础断面积计算

B．以体积计算，扣除地梁（圈梁）、构造柱所占体积

C．以基础断面积计算，扣除地梁（圈梁）、构造柱所占面积

D．以体积计算，不扣除地梁（圈梁）、构造柱所占体积

1381．砖基础的工程量计算规则，以下说法正确的是（　　）。

A．以体积计算，扣除地圈梁、构造柱所占体积，不扣除 $0.3m^2$ 以内孔洞所占体积

B．以体积计算，扣除地梁（圈梁）、构造柱、防潮层、管道、铁件等所占体积
C．以体积计算，扣除地梁（圈梁）、构造柱及 $0.3m^2$ 以内孔洞所占体积
D．以体积计算，扣除圈梁、构造柱所占体积，增加靠墙暖气沟的挑檐体积

1382．砖基础工程量计算，关于基础长度以下说法正确的是（　　）。
A．内、外墙基础长度均按中心线长度计算
B．内墙基础按中心线长度、外墙基础按外边线长度计算
C．内、外墙基础长度均按净长线长度计算
D．内墙基础按净长线长度、外墙基础按中心线长度计算

1383．砖基础工程量计算中，关于基础与墙身的划分原则以下说法正确的是（　　）。
A．基础与墙身的划分是以设计室外地坪为界
B．基础与墙身的划分是以设计室内地坪为界，有地下室的也以设计室内地坪为界
C．基础与墙身的划分是以设计室外地坪为界，有地下室的以地下室室内地坪为界
D．基础与墙身的划分以设计室内地坪为界，有地下室的以地下室设计室内地坪为界

1384．基础与墙身使用不同材料时，基础与墙身的划分，以下说法正确的是（　　）。
A．位于设计室内地面±500mm 以内时，以不同材料为分界线，以下是基础，以上是墙身；超过±500mm 时，以设计室内地面为分界线，以下是基础，以上是墙身
B．位于设计室内地面±500mm 以内时，以设计室内地面为分界线，以下是基础，以上是墙身；超过±500mm 时，以不同材料为分界线，以下是基础，以上是墙身
C．位于设计室内地面±300mm 以内时，以不同材料为分界线，以下是基础，以上是墙身；超过±300mm 时，以设计室内地面为分界线，以下是基础，以上是墙身
D．位于设计室内地面±300mm 以内时，以设计室内地面为分界线，以下是基础，以上是墙身；超过±300mm 时，以不同材料为分界线，以下是基础，以上是墙身

1385．标准砖的规格是（　　）。
A．240mm×115mm×60mm　　B．240mm×115mm×53mm
C．240mm×120mm×60mm　　D．240mm×120mm×53mm

1386．1.5 砖厚砖墙的厚度是（　　）。
A．360mm　　B．370mm　　C．365mm　　D．375mm

1387．关于砖砌体项目，以下说法正确的是（　　）。
A．砖砌体项目包括实心砖墙、空斗墙、空花墙、实心砖柱、零星砌体 5 个清单项目
B．砖砌体项目包括实心砖墙、空斗墙、空花墙、填充墙、实心砖柱、零星砌体 6 个清单项目
C．砖砌体项目包括实心砖墙、空斗墙、空花墙、填充墙、实心砖柱、空心砖柱、零星砌体 7 个清单项目
D．砖砌体项目包括实心砖墙、空斗墙、空花墙、填充墙、零星砌体 5 个清单项目，不包括实心砖柱

1388．砖砌体的工程内容不包括（　　）。

A．砂浆制作、运输　　B．拉结筋安放
C．砌砖　　D．勾缝

1389．实心砖墙的项目特征不包括（　　）。
A．砖品种、规格　　B．砖强度等级
C．砂浆强度等级　　D．砖颜色

1390．空斗墙的项目特征不包括（　　）。
A．砖品种、规格、强度等级　　B．墙体厚度
C．拉结筋规格　　D．勾缝要求

1391．实心砖墙的工程量计算规则，以下说法正确的是（　　）。
A．按设计图示尺寸以体积计算。扣除门窗洞口、空圈、混凝土柱、梁及凹进墙内的壁龛、暖气槽、消防栓箱等所占体积，不扣除梁头、木砖、砖墙内加固钢筋、木筋、铁件、钢管及单个面积 $0.3m^2$ 以内的孔洞所占体积
B．按设计图示尺寸以体积计算。扣除门窗洞口、空圈、混凝土柱、梁所占体积，不扣除凹进墙内的壁龛、暖气槽、消防栓箱及单个 $0.3m^2$ 以内的孔洞所占体积
C．按设计图示尺寸以体积计算。扣除门窗洞口、空圈、混凝土柱、梁所占体积，不扣除凹进墙内的壁龛、暖气槽、消防栓箱及单个 $0.3\times0.3m^2$ 以内的孔洞所占体积
D．按设计图示尺寸以墙体面积计算

1392．实心砖墙的工程量计算规则，以下说法正确的是（　　）。
A．按设计图示尺寸以体积计算。凸出墙面的腰线、挑檐、压顶、窗台线等体积并入墙体工程量内，凸出墙面的砖垛体积不计算
B．按设计图示尺寸以体积计算。凸出墙面的腰线、挑檐、压顶、窗台线等体积不增加，凸出墙面的砖垛体积也不计算
C．按设计图示尺寸以体积计算。凸出墙面的腰线、挑檐、压顶、窗台线等体积并入墙体工程量内，凸出墙面的砖垛体积并入墙体体积内
D．按设计图示尺寸以体积计算。凸出墙面的腰线、挑檐、压顶、窗台线等体积不计算，凸出墙面的砖垛体积并入墙体体积内

1393．实心砖墙的工程量计算规则中，墙长度的规定以下说法正确的是（　　）。
A．内、外墙长度均按中心线长度计算
B．内墙按中心线长度、外墙按外边线长度计算
C．内、外墙长度均按净长线长度计算
D．内墙按净长线长度、外墙按中心线长度计算

1394．实心砖墙的工程量计算规则中，外墙墙高的规定以下说法正确的是（　　）。
A．斜（坡）屋面无檐口天棚的算至屋面板底；有屋架且室内外均有天棚的算至屋架下弦底另加 200mm；无天棚的算至屋架下弦另加 300mm
B．斜（坡）屋面无檐口天棚的算至屋面板底；有屋架且室内外均有天棚的算至屋架下弦底另加 300mm；无天棚的算至屋架下弦另加 200mm

C．斜（坡）屋面无檐口天棚的算至屋面板底另加 200mm；有屋架且室内外均有天棚的算至屋架下弦底；无天棚的算至屋架下弦另加 300mm

D．斜（坡）屋面无檐口天棚的算至屋面板底；有屋架且室内外均有天棚的算至屋架下弦底；无天棚的算至屋架下弦另加 200mm

1395．实心砖墙的工程量计算规则中，内墙墙高的规定以下说法正确的是（　　）。

A．位于屋架下弦的算至屋架下弦底另加 200mm；无屋架的算至天棚底另加 100mm；有钢筋混凝土楼板隔层的算至楼板顶；有框架梁时算至梁底

B．位于屋架下弦的算至屋架下弦底；无屋架的算至天棚底另加 200mm；有钢筋混凝土楼板隔层的算至楼板顶；有框架梁时算至梁底

C．位于屋架下弦的算至屋架下弦底；无屋架的算至天棚底另加 100mm；有钢筋混凝土楼板隔层的算至楼板顶；有框架梁时算至梁底

D．位于屋架下弦的算至屋架下弦底；无屋架的算至天棚底另加 100mm；有钢筋混凝土楼板隔层的算至楼板底；有框架梁时算至梁底另加 100mm

1396．实心砖墙的工程量计算规则中，女儿墙墙高的规定以下说法正确的是（　　）。

A．从屋面板下表面算至女儿墙顶面（如有混凝土压顶时算至压顶下表面）

B．从屋面板上表面算至女儿墙顶面（如有混凝土压顶时算至压顶上表面）

C．从屋面板下表面算至女儿墙顶面（如有混凝土压顶时算至压顶上表面）

D．从屋面板上表面算至女儿墙顶面（如有混凝土压顶时算至压顶下表面）

1397．实心砖墙的工程量计算规则中，关于围墙，以下说法正确的是（　　）。

A．高度算至压顶上表面（如有混凝土压顶时，算至压顶下表面），围墙柱体积不计

B．高度算至压顶下表面（如有混凝土压顶时，算至压顶下表面），围墙柱体积不计

C．高度算至压顶上表面（如有混凝土压顶时，算至压顶下表面），围墙柱体积并入围墙体积内

D．高度算至压顶下表面（如有混凝土压顶时，算至压顶下表面），围墙柱体积并入围墙体积内

1398．空斗墙的工程量计算规则，以下说法正确的是（　　）。

A．按设计图示尺寸以空斗墙外形体积计算，内外墙交接处、门窗洞口等实砌部分体积并入空斗墙体积内

B．按设计图示尺寸以空斗墙实体积计算，扣除空斗部分体积，内外墙交接处、门窗洞口等实砌部分体积并入空斗墙体积内

C．按设计图示尺寸以空斗墙实体积计算，扣除空斗部分体积，内外墙交接处、门窗洞口等实砌部分体积不计

D．按设计图示尺寸以空斗墙外形体积计算，内外墙交接处、门窗洞口等实砌部分体积不计

1399．空花墙的工程量计算规则，以下说法正确的是（　　）。

A．按设计图示尺寸空花部分外形体积计算，扣除孔洞部分体积

B．按设计图示尺寸空花部分实体积计算，扣除孔洞部分体积

C．按设计图示尺寸空花部分外形体积计算，空花部分不予扣除

D．按设计图示尺寸空花部分实体积计算，空花部分不予扣除

1400．实心砖柱的工程量计算规则，以下说法正确的是（　　）。

A．按设计图示尺寸以体积计算，扣除混凝土梁垫、梁头体积，不扣除板头所占体积

B．按设计图示尺寸以体积计算，扣除混凝土梁垫、梁头、板头所占体积

C．按设计图示尺寸按柱周长乘以高度以外围面积计算

D．按设计图示尺寸以体积计算，不扣除混凝土梁垫、梁头、板头所占体积

1401．关于砌块砌体，以下说法正确的是（　　）。

A．砌块砌体包括空心砖墙、砌块墙、空心砖柱、砌块柱 4 个清单项目

B．砌块砌体包括空心砖墙、砌块墙、空心砖柱和砌块柱 3 个清单项目

C．砌块砌体包括空心砖墙、砌块墙和空心砖柱、砌块柱 2 个清单项目

D．砌块砌体包括空心砖墙、砌块墙、空心砖柱、砌块柱、砌块围墙 5 个清单项目

1402．砌块砌体的项目编码是（　　）。

A．010203　　B．010303　　C．010204　　D．010304

1403．砌块砌体的工程内容不包括（　　）。

A．砂浆制作、运输　　B．砌砖、砌块

C．勾缝　　D．拉结筋铺设

1404．空心砖墙、砌块墙的项目特征不包括（　　）。

A．拉结筋规格　　B．墙体类型

C．空心砖、砌块品种　　D．勾缝要求

1405．空心砖柱、砌块柱的项目特征不包括（　　）。

A．垫层厚度　　B．柱高度

C．空心砖、砌块品种　　D．勾缝要求

1406．空心砖墙、砌块墙的工程量计算规则，以下说法正确的是（　　）。

A．按设计图示尺寸以体积计算。扣除门窗洞口、空圈、混凝土柱、梁及凹进墙内的壁龛、暖气槽、消防栓箱等所占体积，不扣除梁头、木砖、砖墙内加固钢筋、木筋、铁件、钢管及单个面积 $0.3m^2$ 以内的孔洞所占体积

B．按设计图示尺寸以体积计算。扣除门窗洞口、空圈、混凝土柱、梁所占体积，不扣除凹进墙内的壁龛、暖气槽、消防栓箱及单个 $0.3m^2$ 以内的孔洞所占体积

C．按设计图示尺寸以体积计算。扣除门窗洞口、空圈、混凝土柱、梁所占体积，不扣除凹进墙内的壁龛、暖气槽、消防栓箱及单个 $0.3m^2$ 以内的孔洞所占体积

D．按设计图示尺寸以墙体面积计算

1407．空心砖墙、砌块墙的工程量计算规则，以下说法正确的是（　　）。

A．按设计图示尺寸以体积计算。凸出墙面的腰线、挑檐、压顶、窗台线等体积并入墙体工程量内，凸出墙面的砖垛体积不计算

B．按设计图示尺寸以体积计算。凸出墙面的腰线、挑檐、压顶、窗台线等体积不增加，凸出墙面的砖垛体积也不计算

C．按设计图示尺寸以体积计算。凸出墙面的腰线、挑檐、压顶、窗台线等体积并入墙体工程量内，凸出墙面的砖垛体积并入墙体体积内

D．按设计图示尺寸以体积计算。凸出墙面的腰线、挑檐、压顶、窗台线等体积不计算，凸出墙面的砖垛体积并入墙体体积内

1408．空心砖墙、砌块墙的工程量计算规则中，墙长度的规定以下说法正确的是（　　）。

A．内、外墙长度均按中心线长度计算

B．内、外墙长度均按净长线长度计算

C．内墙按净长线长度、外墙按中心线长度计算

D．内墙按中心线长度、外墙按外边线长度计算

1409．空心砖墙、砌块墙的工程量计算规则中，外墙墙高的规定以下说法正确的是（　　）。

A．斜（坡）屋面无檐口天棚的算至屋面板底；有屋架且室内外均有天棚的算至屋架下弦底另加 200mm；无天棚的算至屋架下弦另加 300mm

B．斜（坡）屋面无檐口天棚的算至屋面板底；有屋架且室内外均有天棚的算至屋架下弦底另加 300mm；无天棚的算至屋架下弦另加 200mm

C．斜（坡）屋面无檐口天棚的算至屋面板底另加 200mm；有屋架且室内外均有天棚的算至屋架下弦底；无天棚的算至屋架下弦另加 300mm

D．斜（坡）屋面无檐口天棚的算至屋面板底；有屋架且室内外均有天棚的算至屋架下弦底；无天棚的算至屋架下弦另加 200mm

1410．空心砖墙、砌块墙的工程量计算规则中，内墙墙高的规定以下说法正确的是（　　）。

A．位于屋架下弦的算至屋架下弦底另加 200mm；无屋架的算至天棚底另加 100mm；有钢筋混凝土楼板隔层的算至楼板顶；有框架梁时算至梁底

B．位于屋架下弦的算至屋架下弦底；无屋架的算至天棚底另加 200mm；有钢筋混凝土楼板隔层的算至楼板顶；有框架梁时算至梁底

C．位于屋架下弦的算至屋架下弦底；无屋架的算至天棚底另加 100mm；有钢筋混凝土楼板隔层的算至楼板顶；有框架梁时算至梁底

D．位于屋架下弦的算至屋架下弦底；无屋架的算至天棚底另加 100mm；有钢筋混凝土楼板隔层的算至楼板底；有框架梁时算至梁底另加 100mm

1411．空心砖墙、砌块墙的工程量计算规则中，女儿墙墙高的规定以下说法正确的是（　　）。

A．从屋面板下表面算至女儿墙顶面（如有混凝土压顶时算至压顶下表面）

B．从屋面板上表面算至女儿墙顶面（如有混凝土压顶时算至压顶上表面）

C．从屋面板下表面算至女儿墙顶面（如有混凝土压顶时算至压顶上表面）

D．从屋面板上表面算至女儿墙顶面（如有混凝土压顶时算至压顶下表面）

1412．空心砖墙、砌块墙的工程量计算规则中，关于围墙，以下说法正确的是（　　）。

A．高度算至压顶上表面（如有混凝土压顶时，算至压顶下表面），围墙柱体积不计

B．高度算至压顶上表面（如有混凝土压顶时，算至压顶下表面），围墙柱体积并入围墙体积内
C．高度算至压顶下表面（如有混凝土压顶时，算至压顶下表面），围墙柱体积不计
D．高度算至压顶下表面（如有混凝土压顶时，算至压顶下表面），围墙柱体积并入围墙体积内

1413．空心砖柱、砌块柱的工程量计算规则，以下说法正确的是（　　）。
A．按设计图示尺寸以体积计算，扣除混凝土梁垫、梁头体积，不扣除板头所占体积
B．按设计图示尺寸以体积计算，扣除混凝土梁垫、梁头、板头所占体积
C．按设计图示尺寸按柱周长乘以高度以外围面积计算
D．按设计图示尺寸以体积计算，不扣除混凝土梁垫、梁头、板头所占体积

1414．关于空心砖柱、砌块柱的说明，以下说法正确的是（　　）。
A．空心砖柱、砌块柱项目适用于矩形柱、方柱，不适用于异形柱、圆柱、包柱等
B．空心砖柱、砌块柱项目适用于矩形柱、方柱、异形柱，不适用于圆柱、包柱等
C．空心砖柱、砌块柱项目适用于各种类型柱（矩形柱、方柱、异形柱、圆柱、包柱）
D．空心砖柱、砌块柱项目适用于矩形柱、方柱、异形柱、圆柱等，不适用于包柱

1415．砖散水、地坪、地沟的项目编码是（　　）。
A．010205　　B．010206　　C．010305　　D．010306

1416．以下关于砖散水、地坪、地沟说法正确的是（　　）。
A．砖散水、地坪、地沟项目包括砖散水、地坪、地沟、明沟 4 个清单项目
B．砖散水、地坪、地沟项目包括砖散水、地坪、地沟和明沟 3 个清单项目
C．砖散水、地坪、地沟项目包括砖散水和地坪、地沟和明沟 2 个清单项目
D．砖散水、地坪、地沟项目包括砖散水、地坪、地沟、明沟 1 个清单项目

1417．砖散水、地坪的工程内容不包括（　　）。
A．土方开挖　　B．地基找平、夯实
C．铺设垫层　　D．砖砌散水、地坪

1418．砖散水、地坪的工程内容不包括（　　）。
A．土方开挖、运输　　B．地基夯实
C．砖砌散水、地坪　　D．砂浆抹面

1419．地沟、明沟的工程内容不包括（　　）。
A．挖运土石　　B．铺设垫层
C．底板混凝土制作、灌筑　　D．预制混凝土盖板

1420．砖散水、地坪的项目特征不包括（　　）。
A．垫层厚度　　B．土壤类别
C．散水、地坪厚度　　D．砂浆配合比

1421．砖散水、地坪的项目特征不包括（　　）。

A．垫层材料种类　　B．散水、地坪厚度
C．挖土深度　　D．面层厚度

1422．砖砌地沟、明沟的项目特征不包括（　　）。
A．沟截面尺寸　　B．沟长度
C．垫层厚度　　D．混凝土强度等级

1423．砖砌地沟、明沟的项目特征不包括（　　）。
A．土壤类别　　B．沟截面尺寸
C．垫层材料种类　　D．砂浆强度等级

1424．砖散水、地坪的工程量计算规则，以下说法正确的是（　　）。
A．按设计图示尺寸以体积计算
B．按设计图示尺寸以面积计算
C．按设计图示尺寸以体积计算，扣除伸缩缝所占体积
D．按设计图示尺寸以面积计算，扣除伸缩缝所占面积

1425．砖砌地沟、明沟的工程量计算规则，以下说法正确的是（　　）。
A．按设计图示尺寸以体积计算
B．按设计图示尺寸以面积计算
C．按设计图示尺寸以中心线长度计算
D．按设计图示尺寸以沟截面积计算

1426．某砖砌暖气沟，长为200m，沟截面为1200mm×1000mm，采用MU7.5标准砖、M5水泥砂浆砌筑，该砖砌暖气沟的工程量为（　　）。
A．$240m^3$　　B．200m　　C．$240m^2$　　D．$1.2m^2$

1427．某砖砌散水，总长为100m，宽度为1m，厚180mm，采用MU7.5标准砖、M5水泥砂浆砌筑，该砖砌散水的工程量为（　　）。
A．$18m^3$　　B．100m　　C．$100m^2$　　D．$180m^2$

1428．现浇混凝土基础项目编码是（　　）。
A．010301　　B．010401　　C．020101　　D．010401

1429．混凝土及钢筋混凝土工程不包括（　　）。
A．混凝土柱　　B．混凝土板　　C．模板工程　　D．钢筋工程

1430．现浇混凝土基础的工作内容不包括（　　）。
A．混凝土制作　　B．混凝土浇筑　　C．养护　　D．凿毛

1431．现浇混凝土基础的项目特征不包括（　　）。
A．钢筋型号、规格　　B．混凝土强度等级
C．砂浆强度等级　　D．拌和料要求

1432．现浇混凝土基础的项目特征不包括（　　）。

A．混凝土强度等级　　B．模板材质
C．砂浆强度等级　　D．混凝土拌和料要求

1433．混凝土基础工程量计算按图示尺寸以体积计算，扣除（　　）。
A．构件内钢筋　　B．混凝土垫层
C．预埋铁件　　D．伸入承台内的桩头

1434．现浇混凝土柱项目包括（　　）。
A．异形柱　　B．砖柱　　C．钢柱　　D．木柱

1435．混凝土及钢筋混凝土工程的项目编码是（　　）。
A．0103　　B．0104　　C．0203　　D．0204

1436．现浇混凝土柱项目编码是（　　）。
A．020302　　B．010302　　C．010402　　D．020401

1437．现浇混凝土柱的工程内容不包括（　　）。
A．砂、石料运输　　B．混凝土制作
C．混凝土浇筑　　D．养护

1438．现浇混凝土柱的工程内容不包括（　　）。
A．混凝土制作　　B．混凝土浇筑　　C．养护　　D．支模板

1439．现浇混凝土柱的工程内容不包括（　　）。
A．混凝土制作　　B．运输　　C．振捣　　D．凿毛

1440．现浇混凝土柱的项目特征不包括（　　）。
A．模板类型　　B．混凝土强度等级
C．柱截面尺寸　　D．混凝土拌和料要求

1441．现浇混凝土柱的项目特征不包括（　　）。
A．混凝土强度等级　　B．柱截面尺寸
C．钢筋规格　　D．混凝土拌和料要求

1442．现浇混凝土柱的项目特征不包括（　　）。
A．混凝土强度等级　　B．砂浆强度等级
C．柱截面尺寸　　D．拌和料要求

1443．现浇混凝土柱的项目特征不包括（　　）。
A．混凝土强度等级　　B．柱高
C．柱截面尺寸　　D．拌和料要求

1444．现浇混凝土柱工程量计算规则，按图示尺寸以体积计算，不扣除（　　）所占体积。
A．构件内钢筋　　B．预埋铁件　　C．穿线管　　D．梁头

1445．现浇混凝土有梁板柱高（　　）至上一层楼板上表面之间高度计算。

A．自柱基下表面　　B．自垫层上表面
C．自柱基上表面　　D．自垫层下表面

1446．现浇混凝土无梁板柱高（　　）至柱帽下表面之间高度计算。
A．自柱基上表面　　B．自垫层上表面
C．自垫层下表面　　D．自柱基下表面

1447．现浇混凝土无梁板柱高自柱基上表面至（　　）之间高度计算。
A．柱帽上表面　　B．柱帽下表面
C．楼板上表面　　D．楼板下表面

1448．现浇混凝土构造柱工程量计算规则，以下说法错误的是（　　）。
A．按全高计算　　B．嵌接墙体部分并入柱体积
C．不考虑嵌接墙体部分　　D．马牙茬高度 300mm

1449．砖混结构墙体构造柱马牙茬茬口宽度是（　　）。
A．240mm　　B．120mm　　C．60mm　　D．30mm

1450．依附于混凝土柱上的牛腿的体积（　　）。
A．不考虑　　B．并入柱身体积内
C．视不同情况而定　　D．不计算

1451．T 形构造柱，柱高 4m，墙厚 240mm，则该构造柱工程量是（　　）。
A．$0.45m^3$　　B．$0.42m^3$　　C．$0.38m^3$　　D．$0.32m^3$

1452．十字形构造柱，柱高 5m，墙厚 240mm，则该构造柱工程量是（　　）。
A．$0.432m^3$　　B．$0.466m^3$　　C．$0.512m^3$　　D．$0.608m^3$

1453．直径 500mm 混凝土无梁板柱高 5m，柱帽体积是 $0.3m^3$，该柱工程量（　　）。
A．$0.68m^3$　　B．$0.98m^3$　　C．$1.28m^3$　　D．$1.48m^3$

1454．截面 500mm×500mm 混凝土无梁板柱高 6m，柱帽体积是 $0.25m^3$，该柱工程量（　　）。
A．$2.00m^3$　　B．$1.75m^3$　　C．$1.50m^3$　　D．$1.25m^3$

1455．现浇混凝土矩形构造柱的项目编码前 9 位是（　　）。
A．010402001　　B．010402002　　C．010403001　　D．010403002

1456．现浇混凝土梁项目编码是（　　）。
A．010402　　B．010403　　C．010404　　D．020403

1457．现浇混凝土基础梁项目编码是（　　）。
A．010402001　　B．010403001　　C．010403002　　D．020403001

1458．现浇混凝土圈梁的项目编码是（　　）。
A．010402001　　B．010403002　　C．010403003　　D．010403004

1459. 现浇混凝土梁的工程内容不包括（　　）。
A. 砂、石料运输　B. 混凝土制作　C. 混凝土浇筑　D. 养护

1460. 现浇混凝土梁的工程内容不包括（　　）。
A. 混凝土制作　B. 混凝土浇筑　C. 养护　D. 支模板

1461. 现浇混凝土梁的工程内容不包括（　　）。
A. 混凝土制作　B. 运输　C. 振捣　D. 凿毛

1462. 现浇混凝土梁的项目特征不包括（　　）
A. 模板类型　B. 混凝土强度等级
C. 梁截面尺寸　D. 混凝土拌和料要求

1463. 现浇混凝土梁的项目特征不包括（　　）。
A. 混凝土强度等级　B. 梁截面尺寸
C. 钢筋规格　D. 混凝土拌和料要求

1464. 现浇混凝土梁的项目特征不包括（　　）。
A. 混凝土强度等级　B. 砂浆强度等级
C. 梁底标高　D. 拌和料要求

1465. 现浇混凝土梁的项目特征不包括（　　）。
A. 混凝土强度等级　B. 梁长
C. 梁底标高　D. 梁截面尺寸

1466. 现浇混凝土梁工程量计算规则，按图示尺寸以体积计算，伸入墙内的梁头体积（　　）。
A. 不计算　B. 并入梁体积内
C. 视情况而定　D. 计算一半

1467. 现浇混凝土梁工程量计算规则，按图示尺寸以体积计算，梁垫体积（　　）。
A. 不计算　B. 计算一半
C. 并入梁体积内　D. 视情况而定

1468. 混凝土梁与柱连接时，梁长（　　）计算。
A. 按跨中距离　B. 算至柱内侧面
C. 算至柱外侧面　D. 按跨中距离 1/2

1469. 混凝土主梁与次梁连接时，次梁长度（　　）计算。
A. 按主梁中距　B. 按主梁中距 1/2
C. 算至主梁外侧面　D. 算至主梁内侧面

1470. 混凝土梁的工程量按（　　）计算。
A. 按图示体积　B. 按图示梁截面积
C. 按梁长　D. 按水平投影面积

1471．1 根混凝土梁长 6m，截面 250mm×400mm，梁垫体积 $0.3m^3$，该梁的工程量是（　　）。

A．$1.2m^3$　　B．$0.3m^3$　　C．$0.6m^3$　　D．$0.9m^3$

1472．1 根混凝土梁长 6m，截面 250mm×400mm，梁头体积 $0.2m^3$，该梁的工程量是（　　）。

A．$0.8m^3$　　B．$0.6m^3$　　C．$0.4m^3$　　D．$0.2m^3$

1473．混凝土框架柱的柱高应自柱基上表面算至（　　）。

A．框架梁底　　B．上一层楼面

C．柱顶　　D．上一层楼面垫层表面

1474．现浇混凝土墙的项目编码是（　　）。

A．010404　　B．010504　　C．020404　　D．010401

1475．现浇混凝土直形墙的项目编码是（　　）。

A．010404001　　B．010404002　　C．020404001　　D．020404002

1476．现浇混凝土弧形墙的项目编码是（　　）。

A．010404001　　B．010404002　　C．020404001　　D．020404002

1477．现浇混凝土墙的工程内容不包括（　　）。

A．砂、石料运输　　B．混凝土制作　　C．混凝土浇筑　　D．养护

1478．现浇混凝土墙的工程内容不包括（　　）。

A．混凝土制作　　B．混凝土浇筑　　C．养护　　D．支模板

1479．现浇混凝土墙的工程内容不包括（　　）。

A．混凝土制作　　B．运输　　C．振捣　　D．凿毛

1480．现浇混凝土墙的项目特征不包括（　　）。

A．混凝土拌和料要求　　B．混凝土强度等级

C．墙厚度　　D．模板类型

1481．现浇混凝土墙的项目特征不包括（　　）。

A．混凝土强度等级　　B．墙厚度

C．钢筋规格　　D．混凝土拌和料要求

1482．现浇混凝土墙的项目特征不包括（　　）。

A．砂浆强度等级　　B．混凝土强度等级

C．墙的类型　　D．拌和料要求

1483．现浇混凝土墙的项目特征不包括（　　）。

A．混凝土强度等级　　B．墙长

C．墙厚度　　D．墙的类型

1484．现浇混凝土墙工程量计算规则，按图示尺寸以体积计算，墙垛体积（　　）。

A．不计算　　B．视情况而定

C．并入墙体积内　　D．计算 1/2

1485．现浇混凝土墙工程量计算规则，按图示尺寸以体积计算，突出墙面部分体积（　　）。

A．并入墙体积内　　B．计算 1/2

C．不计算　　D．视情况而定

1486．现浇混凝土墙工程量计算规则，按图示尺寸以体积计算，扣除（　　）所占体积。

A．构件内钢筋　　B．构件内预埋铁件

C．门窗洞口　　D．视情况而定

1487．现浇混凝土墙工程量计算规则，按图示尺寸以体积计算，扣除（　　）所占体积。

A．构件内钢筋　　B．构件内预埋铁件

C．单个面积 $0.3m^2$ 以内孔洞　　D．单个面积 $0.3m^2$ 以上孔洞

1488．现浇混凝土墙工程量计算规则，按图示尺寸以体积计算，扣除（　　）所占体积。

A．$0.4m^2$ 的孔洞　　B．构件内预埋铁件

C．$0.2m^2$ 的孔洞　　D．构件内钢筋

1489．现浇混凝土板的项目编码是（　　）。

A．010404　　B．010405　　C．020404　　D．020405

1490．现浇混凝土有梁板的项目编码是（　　）。

A．010405001　　B．010405002　　C．010404001　　D．010404002

1491．现浇混凝土其他板的项目编码是（　　）。

A．010404009　　B．010405009　　C．020404009　　D．020404009

1492．现浇混凝土板的工程内容不包括（　　）。

A．混凝土制作　　B．混凝土灌筑　　C．砂、石料运输　　D．养护

1493．现浇混凝土板的工程内容不包括（　　）。

A．支模板　　B．混凝土制作　　C．混凝土灌筑　　D．养护

1494．现浇混凝土板的工程内容不包括（　　）。

A．混凝土制作　　B．运输　　C．振捣　　D．混凝土凿毛

1495．现浇混凝土板的工程内容不包括（　　）。

A．钢筋绑扎　　B．运输　　C．振捣　　D．混凝土制作

1496．现浇混凝土有梁板的项目特征不包括（　　）。

A．混凝土拌和料要求　　B．混凝土强度等级

C．板底标高　　D．模板类型

1497．现浇混凝土平板的项目特征不包括（　　）。

A．混凝土强度等级　　B．板底标高
C．钢筋规格　　D．混凝土拌和料要求

1498．现浇混凝土无梁板的项目特征不包括（　　）。
A．砂浆强度等级　　B．混凝土强度等级
C．板的厚度　　D．拌和料要求

1499．现浇混凝土板的项目特征不包括（　　）。
A．混凝土强度等级　　B．板长
C．板厚度　　D．拌和料要求

1500．现浇混凝土板工程量计算规则，按图示尺寸以体积计算，各类板伸入墙内的板头部分体积（　　）。
A．不计算　　B．计算一半　　C．并入板体积内　　D．视情况而定

1501．现浇混凝土板工程量计算规则，按图示尺寸以体积计算，扣除（　　）所占体积。
A．构件内钢筋　　B．构件内预埋铁件
C．视情况而定　　D．$0.5m^2$ 孔洞

1502．现浇混凝土板工程量计算规则，按图示尺寸以体积计算，扣除（　　）所占体积。
A．构件内钢筋　　B．构件内预埋铁件
C．单个面积 $0.3m^2$ 以内孔洞　　D．单个面积 $0.3m^2$ 以上孔洞

1503．现浇混凝土天沟、挑檐工程量计算规则，按（　　）计算。
A．其长度　　B．水平投影面积
C．图示尺寸以体积　　D．突出墙面宽度

1504．现浇混凝土雨篷、阳台板工程量计算规则，按（　　）计算。
A．设计图示尺寸水平投影面积　　B．设计图示尺寸以墙外部分体积
C．设计图示尺寸长度　　D．设计图示尺寸以板厚

1505．现浇混凝土阳台板工程量计算规则，按设计图示尺寸以墙外部分体积计算，（　　）。
A．包括伸出墙外牛腿体积　　B．不包括伸出墙外牛腿体积
C．包括伸出墙外牛腿体积的一半　　D．视情况而定

1506．现浇混凝土雨篷工程量计算规则，按设计图示尺寸以墙外部分体积计算，（　　）。
A．包括雨篷反挑檐的体积　　B．不包括雨篷反挑檐的体积
C．包括雨篷反挑檐体积的一半　　D．视情况而定

1507．现浇混凝土有梁板工程量计算规则，有梁板工程量按（　　）计算。
A．梁、板体积分别　　B．梁、板体积之和
C．板体积　　D．梁体积

1508．现浇混凝土有梁板工程量计算规则，有梁板工程量按（　　）计算。
A．梁、板体积之和　　B．梁、板面积之和

C．板面积、梁体积　　D．板和主梁体积

1509．现浇混凝土有梁板工程量计算规则，有梁板工程量按（　　）计算。

A．板和主梁体积　　B．板和次梁体积

C．板面积、梁体积　　D．梁、板体积之和

1510．现浇混凝土无梁板工程量计算规则，无梁板工程量按（　　）计算。

A．板体积　　B．板和柱帽体积之和

C．板面积、柱帽体积分别　　D．柱帽体积

1511．现浇混凝土无梁板工程量计算规则，无梁板工程量按（　　）计算。

A．柱帽体积　　B．板体积

C．板体积加柱帽体积　　D．不能确定

1512．现浇混凝土雨篷与板（含屋面板、楼板）连接时，以（　　）为分界线，以外为雨篷。

A．外墙外边线　　B．外墙内边线　　C．外墙中心线　　D．雨篷中心线

1513．现浇混凝土阳台与板（含屋面板、楼板）连接时，以（　　）为分界线，以外为阳台。

A．外墙中心线　　B．阳台中心线　　C．外墙外边线　　D．外墙内边线

1514．现浇混凝土阳台与圈梁连接时，以（　　）为分界线，以外为阳台。

A．圈梁中心线　　B．阳台中心线　　C．圈梁外边线　　D．圈梁内边线

1515．现浇混凝土雨篷与圈梁连接时，以（　　）为分界线，以外为雨篷。

A．圈梁中心线　　B．雨篷中心线　　C．圈梁内边线　　D．圈梁外边线

1516．现浇混凝土挑檐与板（含屋面板、楼板）连接时，以（　　）为分界线，以外为挑檐。

A．外墙外边线　　B．外墙内边线　　C．外墙中心线　　D．挑檐中心线

1517．现浇混凝土挑檐与圈梁连接时，以（　　）为分界线，以外为挑檐。

A．圈梁内边线　　B．圈梁外边线　　C．圈梁中心线　　D．挑檐中心线

1518．现浇混凝土天沟与板（含屋面板、楼板）连接时，以（　　）为分界线，以外为天沟。

A．外墙外边线　　B．外墙内边线　　C．外墙中心线　　D．挑檐中心线

1519．现浇混凝土天沟与圈梁连接时，以（　　）为分界线，以外为天沟。

A．圈梁内边线　　B．圈梁外边线　　C．圈梁中心线　　D．挑檐中心线

1520．现浇混凝土楼梯的项目编码是（　　）。

A．010404　　B．010405　　C．010406　　D．010407

1521．现浇混凝土楼梯的项目编码是（　　）。

A．010405　　B．010406　　C．020405　　D．020406

1522．现浇混凝土直形楼梯的项目编码是（　　）。
A．010405001　　B．010406001　　C．010405002　　D．010406002

1523．现浇混凝土弧形楼梯的项目编码是（　　）。
A．010405001　　B．010406001　　C．010405002　　D．010406002

1524．你现在居住的学生宿舍的现浇混凝土楼梯的项目编码应该是（　　）。
A．010406001　　B．010406002　　C．010405001　　D．010405002

1525．现浇混凝土楼梯的工程内容不包括（　　）。
A．混凝土灌筑　　B．混凝土制作　　C．砂、石料运输　　D．养护

1526．现浇混凝土楼梯的工程内容不包括（　　）。
A．支模板　　B．混凝土制作　　C．混凝土灌筑　　D．养护

1527．现浇混凝土楼梯的工程内容不包括（　　）。
A．混凝土制作　　B．混凝土运输　　C．振捣　　D．混凝土凿毛

1528．现浇混凝土楼梯的工程内容不包括（　　）。
A．钢筋绑扎　　B．混凝土运输　　C．振捣　　D．混凝土制作

1529．现浇混凝土楼梯的项目特征不包括（　　）。
A．混凝土拌和料要求　　B．混凝土强度等级
C．楼梯类型　　D．模板类型

1530．现浇混凝土楼梯的项目特征不包括（　　）。
A．混凝土强度等级　　B．楼梯类型
C．钢筋规格　　D．混凝土拌和料要求

1531．现浇混凝土楼梯的项目特征不包括（　　）。
A．砂浆强度等级　　B．混凝土强度等级
C．楼梯类型　　D．拌和料要求

1532．现浇混凝土楼梯的工程量按图示尺寸以（　　）计算。
A．体积　　B．水平投影面积
C．踏步数量　　D．踏步和梯梁体积之和

1533．现浇混凝土楼梯的工程量按图示尺寸以水平投影面积计算，不扣除宽度小于（　　）楼梯井面积。
A．500mm　　B．600mm　　C．700mm　　D．800mm

1534．现浇混凝土楼梯的工程量按图示尺寸以水平投影面积计算，扣除宽度（　　）楼梯井面积。
A．350mm　　B．400mm　　C．450mm　　D．500mm

1535．现浇混凝土楼梯的工程量按图示尺寸以水平投影面积计算，不扣除宽度小于500mm楼梯井面积，伸入墙内部分（　　）。

A．按体积计算　　B．按面积计算　　C．不计算　　D．视不同情况而定

1536．现浇混凝土其他构件的项目编码是（　　）。

A．010405　　B．010406　　C．010407　　D．010408

1537．现浇混凝土其他构件中散水、坡道的项目编码是（　　）。

A．010407001　　B．010407002　　C．010408001　　D．010408002

1538．现浇混凝土其他构件中电缆沟、地沟的项目编码是（　　）。

A．010407001　　B．010407002　　C．010407003　　D．010407004

1539．现浇混凝土散水、坡道的工程内容不包括（　　）。

A．地基夯实　　B．铺设垫层　　C．混凝土制作　　D．支模板

1540．现浇混凝土散水、坡道的工程内容不包括（　　）。

A．钢筋绑扎　　B．混凝土制作　　C．混凝土运输　　D．变形缝填塞

1541．现浇混凝土地沟的工程内容不包括（　　）。

A．挖运土石方　　B．混凝土制作　　C．混凝土灌筑　　D．支模板

1542．现浇混凝土电缆沟的工程内容不包括（　　）。

A．挖运土石方　　B．绑扎钢筋　　C．混凝土制作　　D．混凝土灌筑

1543．现浇混凝土散水、坡道的项目特征不包括（　　）。

A．垫层材料种类　　B．混凝土强度等级

C．填塞材料种类　　D．填塞材料长度

1544．现浇混凝土地沟的项目特征不包括（　　）。

A．沟截面　　B．沟长度

C．混凝土强度等级　　D．防护材料种类

1545．现浇混凝土电缆沟的项目特征不包括（　　）。

A．沟截面　　B．垫层材料种类

C．防护材料厚度　　D．混凝土强度等级

1546．现浇混凝土散水、坡道的工程量按图示尺寸以（　　）计算。

A．面积　　B．体积

C．混凝土与垫层体积之和　　D．长度

1547．现浇混凝土电缆沟、地沟的工程量按图示尺寸以（　　）计算。

A．外围体积　　B．中心线长度

C．水平投影面积　　D．混凝土实体积

1548．现浇混凝土散水的工程量按图示尺寸以面积计算，扣除（　　）孔洞所占面积。

A. $0.1m^2$　B. $0.2m^2$　C. $0.3m^2$　D. $0.4m^2$

1549. 现浇混凝土坡道工程量按图示尺寸以面积计算，不扣除（　　）以内孔洞所占面积。

A. $0.3m^2$　B. $0.4m^2$　C. $0.5m^2$　D. $0.6m^2$

1550. 现浇混凝土后浇带的项目编码是（　　）。

A. 010407　B. 010408　C. 010409　D. 010410

1551. 现浇混凝土后浇带的项目特征不包括（　　）。

A. 支模板　B. 混凝土制作　C. 混凝土运输　D. 混凝土养护

1552. 现浇混凝土后浇带的工程量计算规则是按图示尺寸以（　　）计算。

A. 面积　B. 体积　C. 长度　D. 视不同情况而定

1553. 预制混凝土柱的项目编码是（　　）。

A. 010407　B. 010408　C. 010409　D. 010410

1554. 预制混凝土柱的工程内容不包括（　　）。

A. 构件制作、运输　B. 绑扎钢筋

C. 砂浆制作、运输　D. 接头灌缝

1555. 预制混凝土柱的项目特征不包括（　　）。

A. 单件体积　B. 安装高度

C. 单件重量　D. 混凝土强度等级

1556. 预制混凝土柱的项目特征不包括（　　）。

A. 柱截面　B. 柱类型

C. 单件体积　D. 砂浆强度等级

1557. 预制混凝土柱的工程量计算规则是按图示尺寸以（　　）计算。

A. 体积　B. 柱高度

C. 体积，扣除构件内钢筋所占体积　D. 截面积

1558. 预制混凝土柱的工程量计算规则是按图示尺寸以（　　）计算。

A. 截面积　B. 柱高度

C. 体积，扣除构件内钢筋所占体积　D. 数量

1559. 预制混凝土梁的项目编码是（　　）。

A. 010407　B. 010408　B. 010409　C. 010410

1560. 预制混凝土梁的工程内容不包括（　　）。

A. 构件制作、运输　B. 绑扎钢筋

C. 砂浆制作、运输　D. 接头灌缝

1561. 预制混凝土梁的工程内容不包括（　　）。

A．支模板　　B．构件制作、运输
C．砂浆制作、运输　　D．接头灌缝

1562．预制混凝土梁的项目特征不包括（　　）。
A．单件体积　　B．安装高度
C．混凝土强度等级　　D．单件重量

1563．预制混凝土梁的项目特征不包括（　　）。
A．梁截面　　B．混凝土强度等级
C．单件体积　　D．砂浆强度等级

1564．预制混凝土梁的工程量计算规则是按图示尺寸以（　　）计算。
A．体积　　B．梁长度
C．体积，扣除构件内钢筋所占体积　　D．截面积

1565．预制混凝土屋架的项目编码是（　　）。
A．010408　　B．010409　　C．010410　　D．010411

1566．预制混凝土屋架的工程内容不包括（　　）。
A．构件制作、运输　　B．砂浆制作、运输
C．绑扎钢筋　　D．接头灌缝

1567．预制混凝土屋架的工程内容不包括（　　）。
A．支模板　　B．构件制作、运输
C．砂浆制作、运输　　D．接头灌缝

1568．预制混凝土屋架的项目特征不包括（　　）。
A．单件重量　　B．跨度
C．混凝土强度等级　　D．单件体积

1569．预制混凝土屋架的工程量计算规则是按图示尺寸以（　　）计算。
A．屋架长度　　B．体积
C．体积，扣除构件内钢筋所占体积　　D．截面积

1570．预制混凝土板的项目编码是（　　）。
A．010412　　B．010411　　C．010410　　D．010409

1571．预制混凝土平板的项目编码是（　　）。
A．010411001　　B．010411002　　C．010412001　　D．010412002

1572．预制混凝土板的工程内容不包括（　　）。
A．构件制作、运输　　B．绑扎钢筋
C．砂浆制作、运输　　D．接头灌缝

1573．预制混凝土板的工程内容不包括（　　）。

A．混凝土制作、运输　　B．支模板
C．砂浆制作、运输　　D．接头灌缝

1574．预制混凝土板的项目特征不包括（　　）。
A．构件尺寸　　B．砂浆强度等级
C．混凝土强度等级　　D．板重量

1575．预制混凝土板的工程量计算规则是按图示尺寸以（　　）计算。
A．板面积　　B．数量（相同类型和尺寸的）
C．体积，扣除构件内钢筋所占体积　　D．体积，扣除构件内预埋铁件所占体积

1576．预制混凝土平板、空心板、带肋板的工程量计算规则下列描述正确的是（　　）。
A．按图示尺寸以体积计算，不扣除构件内钢筋所占体积
B．按图示尺寸以面积计算，不扣除 300mm×300mm 以内的孔洞所占面积
C．按图示尺寸以体积计算，扣除构件内钢筋、预埋铁件所占体积
D．按图示尺寸以体积计算，不扣除 500mm×500mm 以内的孔洞所占体积

1577．预制混凝土楼梯的项目编码是（　　）。
A．010412　　B．010413　　C．010414　　D．010415

1578．预制混凝土楼梯的工程内容不包括（　　）。
A．构件制作、运输　　B．砂浆制作、运输
C．绑扎钢筋　　D．养护

1579．预制混凝土楼梯的工程内容不包括（　　）。
A．支模板　　B．混凝土制作、运输
C．接头灌缝　　D．养护

1580．预制混凝土楼梯的项目特征不包括（　　）。
A．单件体积　　B．砂浆强度等级
C．混凝土强度等级　　D．楼梯长度

1581．预制混凝土楼梯的工程量计算规则是按图示尺寸以（　　）计算。
A．水平投影面积
B．体积，不扣除构件内钢筋、预埋铁件所占体积
C．体积，扣除构件内钢筋所占体积
D．体积，扣除构件内预埋铁件所占体积

1582．其他预制构件的项目编码是（　　）。
A．010412　　B．010413　　C．010414　　D．010415

1583．其他预制构件的工程内容不包括（　　）。
A．绑扎钢筋　　B．砂浆制作、运输
C．构件制作、运输　　D．养护

1584．其他预制构件中，水磨石构件的工程内容不包括（　　）。

A．构件制作、运输　　B．支模板

C．接头灌缝　　D．酸洗、打蜡

1585．其他预制构件中的烟道、垃圾道的项目特征不包括（　　）。

A．单件体积　　B．安装高度

C．混凝土强度等级　　D．烟道、垃圾道长度

1586．其他预制构件中的水磨石构件的项目特征不包括（　　）。

A．构件类型　　B．水磨石构件面积

C．混凝土强度等级　　D．石子规格、颜色

1587．其他预制构件中烟道的工程量计算规则是按图示尺寸以（　　）计算。

A．外形体积

B．体积，扣除构件内钢筋所占体积

C．混凝土体积

D．体积，扣除单个尺寸 300mm×300mm 以内孔洞所占体积

1588．混凝土构筑物的项目编码是（　　）。

A．010412　　B．010413　　C．010414　　D．010415

1589．混凝土构筑物的项目中不包括（　　）。

A．贮水池　　B．水塔　　C．烟囱　　D．地沟

1590．混凝土构筑物中烟囱的工程内容不包括（　　）。

A．绑扎钢筋　　B．混凝土制作、运输

C．混凝土灌筑　　D．养护

1591．混凝土构筑物中水塔的工程内容不包括（　　）。

A．支模板　　B．混凝土制作、运输

C．振捣　　D．养护

1592．混凝土构筑物中烟囱的项目特征不包括（　　）。

A．高度　　B．混凝土强度等级

C．烟囱截面　　D．混凝土拌和料要求

1593．混凝土构筑物中水塔的项目特征不包括（　　）。

A．钢筋规格　　B．水箱容积

C．支筒高度　　D．混凝土拌和料要求

1594．混凝土构筑物的工程量计算规则下列描述正确的是（　　）。

A．按图示尺寸以体积计算，扣除构件内钢筋、预埋铁件所占体积

B．按图示尺寸以体积计算，不扣除构件内钢筋、预埋铁件所占体积

C．按图示尺寸以体积计算，扣除 $0.3m^2$ 以内的孔洞所占体积

D．按图示尺寸以体积计算，不扣除 300mm×300mm 以内的孔洞所占面积

1595．钢筋工程的项目编码是（　　）。

A．010415　B．010416　C．020415　D．020416

1596．现浇钢筋混凝土工程钢筋的工程内容不包括（　　）。

A．制作运输　B．运输　C．检验　D．安装

1597．先张法预应力钢筋的项目特征不包括（　　）。

A．钢筋的种类　B．钢筋长度　C．钢筋规格　D．锚具种类

1598．现浇钢筋混凝土工程钢筋的工程量按（　　）计算。

A．长度　B．体积

C．长度乘以单位理论质量　D．截面积

1599．后张法预应力钢筋中，低合金钢筋两端均采用螺杆锚具时，钢筋长度按孔道长度（　　）计算，螺杆另行计算。

A．加 0.35m　B．减 0.35m　C．加 0.5m　D．减 0.5m

1600．伸出构件的锚固钢筋、预制构件的吊钩等工程量（　　）。

A．不计算　B．不确定

C．按长度计算　D．应并入钢筋工程量内

1601．厂库房大门、特种门的项目编码是（　　）。

A．010401　B．010501　C．010601　D．010701

1602．木屋架的项目编码是（　　）。

A．010501　B．010502　C．010503　D．010504

1603．厂库房大门、特种门的工程内容不包括（　　）。

A．门制作、运输　B．门安装　C．五金安装　D．玻璃安装

1604．厂库房大门、特种门的项目特征不包括（　　）。

A．门开启方式　B．五金种类、规格

C．门重量　D．油漆品种

1605．厂库房大门、特种门的项目特征不包括（　　）。

A．门开启方式　B．防护材料种类

C．刷油漆遍数　D．玻璃品种

1606．厂库房大门、特种门的工程量计算规则是按设计图示（　　）计算。

A．数量或图示洞口尺寸以面积　B．数量计算，不能按面积

C．洞口尺寸以面积计算，不能按数量　D．门重量

1607．工程有库房大门 2.8m×2.6m，12 樘，甲级钢制防火门 3m×2.6m，10 樘，下列该工程有关门的工程量正确的是（　　）。

A．22 樘　　B．12 樘　　C．10 樘　　D．12 樘、10 樘

1608．木屋架项目的项目特征不包括（　　）。
A．屋架重量　　B．跨度　　C．安装高度　　D．刨光要求

1609．木屋架项目的工程量计算规则是按设计图示（　　）计算。
A．数量　　B．质量　　C．跨度　　D．屋架面积

1610．下列关于“木屋架”说明描述正确的是（　　）。
A．“木屋架”项目适用于各种圆木屋架，不适于方木屋架
B．“木屋架”项目适用于各种圆木，方木屋架
C．“木屋架”项目适用于各种方木屋架，不适于圆木屋架
D．“木屋架”适用于各种圆木，方木屋架，与屋架连接的挑檐木不包括在报价内

1611．金属结构构件中钢屋架、钢网架的项目编码是（　　）。
A．010401　　B．010501　　C．010601　　D．010701

1612．金属结构构件中的钢屋架的项目编码是（　　）。
A．010401001　　B．010501001　　C．010601001　　D．010701001

1613．金属结构构件中的钢屋架、钢网架的工程内容不包括（　　）。
A．制作、运输　　B．拼装、安装　　C．探伤　　D．基层处理

1614．金属结构构件中的钢屋架的项目特征不包括（　　）。
A．钢材品种、规格　　B．单榀屋架重量
C．探伤要求　　D．连接件规格

1615．金属结构构件中的钢屋架的工程量计算规则按设计图示尺寸以（　　）计算。
A．质量，扣除孔眼、切边质量　　B．跨度
C．质量，不扣除孔眼、切边质量　　D．屋架面积

1616．金属结构构件中的钢网架的工程量计算规则按设计图示尺寸以（　　）计算。
A．质量，另加焊条、螺栓质量　　B．质量，不增加焊条、螺栓质量
C．质量，扣除孔眼、切边质量　　D．网架面积

1617．金属结构构件中的钢屋架的工程量计算规则按设计图示尺寸以（　　）计算。
A．质量，另加焊条、螺栓质量
B．质量，扣除孔眼、切边质量
C．质量，不规则或多边形钢板以其外接矩形面积乘以厚度乘以单位理论质量
D．质量，不规则或多边形钢板以其外接矩形面积

1618．屋面及防水工程的项目编码是（　　）。
A．0105　　B．0106　　C．0107　　D．0108

1619．屋面及防水工程中屋面防水的项目编码是（　　）。

A. 010601　　B. 010602　　C. 010701　　D. 010702

1620. 屋面及防水工程中瓦屋面的项目编码是（　　）。
A. 010601001　　B. 010602001　　C. 010701001　　D. 010702001

1621. 屋面及防水工程中瓦屋面的工程内容不包括（　　）。
A. 运瓦　　B. 基层铺设　　C. 铺防水层　　D. 安瓦

1622. 屋面及防水工程中瓦屋面的项目特征不包括（　　）。
A. 瓦品种、规格　　B. 防水材料种类
C. 瓦屋面面积　　D. 基层材料种类

1623. 屋面及防水工程中瓦屋面的工程量计算规则是按设计图示尺寸以（　　）计算。
A. 斜面积，不扣除房上烟囱、小气窗等所占面积
B. 斜面积 ，扣除房上烟囱、小气窗等所占面积
C. 水平投影面积，不扣除房上烟囱、小气窗等所占面积
D. 水平投影面积，扣除房上烟囱、小气窗等所占面积

1624. 屋面及防水工程中型材屋面的工程量计算规则是按设计图示尺寸以（　　）计算。
A. 斜面积，不扣除房上烟囱、小气窗等所占面积，增加小气窗的出檐部分面积
B. 斜面积，不扣除房上烟囱、小气窗等所占面积，小气窗的出檐部分不增加面积
C. 斜面积，扣除房上烟囱、小气窗等所占面积，小气窗的出檐部分不增加面积
D. 斜面积，扣除房上烟囱、小气窗等所占面积，增加小气窗的出檐部分面积

1625. “瓦屋面”项目下列描述正确的是（　　）。
A. 适用于小青瓦、平瓦、筒瓦、玻璃钢波形瓦等
B. 适用于小青瓦、平瓦、筒瓦等，不适用于玻璃钢波形瓦
C. 适用于小青瓦、平瓦、玻璃钢波形瓦等，不适用于筒瓦
D. 只适用于小青瓦

1626. 屋面防水工程中卷材防水的项目编码是（　　）。
A. 010701001　　B. 010702001　　C. 010801001　　D. 010802001

1627. 屋面防水工程中卷材防水的工程内容下列描述正确的是（　　）。
A. 基层处理；抹找平层；刷底油；铺油毡卷材、接缝、嵌缝；铺保护层
B. 基层处理；运卷材；刷底油；铺油毡卷材、接缝、嵌缝；铺保护层
C. 运卷材；刷底油；铺油毡卷材、接缝、嵌缝；铺保护层
D. 基层处理；抹找平层；刷底油；铺油毡卷材、接缝、嵌缝

1628. 屋面防水工程中刚性防水的工程内容下列描述正确的是（　　）。
A. 基层处理；混凝土制作、运输、铺筑、铺保护层
B. 基层处理；混凝土制作、运输、铺筑、养护
C. 基层处理；混凝土制作、运输、铺筑、砂浆制作、运输、铺筑
D. 基层处理；砂浆制作、运输、铺筑、养护

1629．屋面防水工程中屋面天沟沿沟的工程内容不包括（　　）。

A．砂浆制作、运输　　B．砂浆找坡、养护

C．混凝土制作、运输、养护　　D．天沟材料铺设

1630．屋面防水工程中屋面排水管的工程内容不包括（　　）。

A．排水管制作、运输　　B．安装、固定

C．雨水斗安装　　D．接缝、嵌缝

1631．屋面防水工程中卷材防水的项目特征不包括（　　）。

A．卷材品种、规格　　B．防水层做法

C．保护材料种类　　D．防水层厚度

1632．屋面防水工程中刚性防水的项目特征不包括（　　）。

A．混凝土强度等级　　B．防水层面积

C．嵌缝材料种类　　D．防水层厚度

1633．屋面防水工程中屋面排水管的项目特征不包括（　　）。

A．排水管长度　　B．品种、规格、颜色

C．接缝材料种类　　D．油漆品种

1634．屋面防水工程中屋面天沟沿沟的项目特征不包括（　　）。

A．砂浆配合比　　B．天沟沿沟宽度

C．坡度　　D．长度

1635．屋面卷材防水工程量，按设计图示尺寸以面积计算，下列说法正确的是（　　）。

A．斜屋顶、平屋顶都按水平投影面积计算

B．斜屋顶按斜面积、平屋顶都按水平投影面积计算

C．扣除房上烟囱、屋面小气窗等所占面积

D．扣除风帽底座、风道所占面积

1636．屋面卷材防水工程量，按设计图示尺寸以面积计算，下列说法正确的是（　　）。

A．斜屋顶、平屋顶都按水平投影面积计算

B．屋面女儿墙、天窗等弯起部分面积不计

C．扣除房上烟囱、屋面小气窗等所占面积

D．屋面女儿墙、天窗等弯起部分面积并入屋面工程量内

1637．屋面刚性防水工程量计算规则，下列说法正确的是（　　）。

A．按设计图示尺寸以面积计算，扣除房上烟囱等所占面积

B．按设计图示尺寸以体积计算，扣除房上烟囱等所占体积

C．按设计图示尺寸以面积计算，不扣除房上烟囱等所占面积

D．按设计图示尺寸以体积计算，不扣除房上烟囱等所占体积

1638．屋面排水管工程量计算规则，按设计图示尺寸以（　　）计算。

A．长度　　B．截面积

C．截面积乘以长度　　　　　　D．根数

1639．天沟沿沟工程量计算规则，下列说法正确的是（　　）。

A．按设计图示尺寸以面积计算，卷材天沟按展开面积计算

B．按设计图示尺寸以面积计算，卷材天沟按水平投影面积计算

C．按设计图示尺寸以体积计算

D．按设计图示尺寸以天沟中心线长度计算

1640．墙面、地面防水、防潮的项目编码是（　　）。

A．010701　　B．010702　　C．010703　　D．010704

1641．墙面、地面防水、防潮中卷材防水的项目编码是（　　）。

A．010701001　　B．010702001　　C．010703001　　D．010703002

1642．墙面、地面防水、防潮中卷材防水的工程内容不包括（　　）。

A．卷材运输　　B．抹找平层　　C．铺防水卷材　　D．接缝、嵌缝

1643．墙面、地面防水、防潮中砂浆防水（潮）的工程内容不包括（　　）。

A．基层处理　　B．挂钢丝网片　　C．设置分格缝　　D．接缝、嵌缝

1644．墙面、地面防水、防潮中变形缝的工程内容不包括（　　）。

A．清缝、填塞防水材料　　　　B．材料运输

C．止水带安装　　　　　　　　D．盖板制作

1645．墙面、地面防水、防潮中涂膜防水的工程内容不包括（　　）。

A．基层处理　　B．砂浆制作　　C．铺涂膜防水层　　D．铺保护层

1646．墙面、地面防水、防潮中卷材、涂膜防水的项目特征不包括（　　）。

A．卷材、涂膜品种　　　　　　B．砂浆配合比

C．涂膜厚度　　　　　　　　　D．铺保护材料种类

1647．墙面、地面防水、防潮中砂浆防水（潮）的项目特征不包括（　　）。

A．防水（潮）的部位　　　　　B．厚度

C．面积　　　　　　　　　　　D．砂浆配合比

1648．墙面、地面防水、防潮中变形缝的项目特征不包括（　　）。

A．变形缝长度　　　　　　　　B．变形缝部位

C．止水带材料种类　　　　　　D．盖板材料

1649．地面卷材防水、涂膜防水、砂浆防水（潮）的工程量计算规则是按设计图示尺寸以（　　）计算。

A．面积，不扣除凸出地面的构筑物、设备基础所占面积

B．面积，扣除凸出地面的构筑物、设备基础所占面积

C．体积，不扣除凸出地面的构筑物、设备基础所占体积

D．体积，扣除凸出地面的构筑物、设备基础所占体积

1650．地面卷材防水、涂膜防水、砂浆防水（潮）的工程量计算规则是按设计图示尺寸以（　　）计算。

A．面积，不扣除间壁墙及单个 $0.3m^2$ 以内的柱、垛、烟囱等所占面积

B．面积，扣除除间壁墙及单个 $0.3m^2$ 以内的柱、垛、烟囱等所占面积

C．体积，不扣除间壁墙及单个 $0.3m^2$ 以内的柱、垛、烟囱等所占体积

D．体积，扣除间壁墙及单个 $0.3m^2$ 以内的柱、垛、烟囱等所占体积

1651．墙面、地面防水、防潮中墙基防水的工程量计算规则是（　　）计算。

A．外墙按中心线长度、内墙按净长线长度

B．内、外墙均按中心线长度

C．内、外墙均按中心线长度乘以宽度以面积

D．外墙按中心线长度、内墙按净长线长度乘以宽度以面积

1652．某传达室外墙中心线长 20m，内墙中心线长 8m，内墙净长线长 7.76m，墙基厚 0.24m，则该墙基的防水工程量是（　　）。

A．28m　　B．27.76m　　C．$6.72m^2$　　D．$6.66\ m^2$

1653．墙面、地面防水、防潮中变形缝的工程量计算规则是（　　）计算。

A．按设计图示尺寸以长度

B．按设计图示尺寸乘以宽度以面积

C．按设计图示尺寸乘以宽度再乘以厚度以体积

D．视不同情况而定

1654．防腐保温隔热工程的项目编码是（　　）。

A．0107　　B．0108　　C．0109　　D．0110

1655．防腐保温隔热工程中防腐面层的项目编码是（　　）。

A．010701　　B．010801　　C．010702　　D．010802

1656．防腐保温隔热工程中隔热、保温的项目编码是（　　）。

A．010702　　B．010802　　C．010803　　D．010804

1657．防腐保温隔热工程，下列说法正确的是（　　）。

A．防腐保温隔热工程适用于工业与民用建筑的地面、墙面防腐，不适用于基础防腐

B．防腐保温隔热工程适用于工业与民用建筑的基础、地面防腐，不适用于墙面防腐

C．防腐保温隔热工程适用于工业与民用建筑的基础、墙面防腐，不适用于地面防腐

D．防腐保温隔热工程适用于工业与民用建筑的基础、地面、墙面防腐

1658．防腐混凝土、防腐砂浆面层的项目特征不包括（　　）。

A．防腐部位　　B．厚度

C．砂浆、混凝土种类　　D．砂浆、混凝土强度等级

1659．防腐混凝土面层工程量计算规则是按设计图示尺寸以（　　）计算。

A．面积，扣除凸出地面的构筑物、设备基础所占面积

B．面积，不扣除凸出地面的构筑物、设备基础所占面积

C．体积，扣除凸出地面的构筑物、设备基础所占体积

D．体积，不扣除凸出地面的构筑物、设备基础所占体积

1660．防腐砂浆面层工程量计算规则是按设计图示尺寸以（　　）计算。

A．面积，砖垛等突出墙面立面防腐面层面积不考虑

B．面积，砖垛等突出墙面立面防腐面层面积并入墙面防腐面积内

C．体积，砖垛等突出墙面立面防腐面层体积不考虑

D．体积，砖垛等突出墙面立面防腐面层体积并入墙面防腐体积内

1661．踢脚板防腐工程量计算规则是按设计图示尺寸以（　　）计算。

A．面积，扣除门洞所占面积，门洞侧壁面积不增加

B．面积，扣除门洞所占面积，并增加相应门洞侧壁面积

C．面积，不扣除门洞所占面积，门洞侧壁面积也不增加

D．面积，不扣除门洞所占面积，增加相应门洞侧壁面积

1662．保温隔热屋面的工程内容不包括（　　）。

A．基层清理　　B．铺粘保温层

C．保温隔热材料运输　　D．刷保护材料

1663．保温隔热墙、保温柱的工程内容不包括（　　）。

A．基层清理　　B．粘贴龙骨

C．保温隔热材料运输　　D．嵌缝

1664．隔热楼地面的工程内容不包括（　　）。

A．砂浆制作、运输　　B．基层清理

C．铺贴保温层　　D．刷防护材料

1665．保温隔热项目的项目特征不包括（　　）。

A．保温隔热部位　　B．保温隔热方式

C．隔气层厚度　　D．砂浆厚度

1666．保温隔热项目的项目特征不包括（　　）。

A．保温隔热方式　　B．保温隔热部位

C．隔气层材料种类　　D．粘接材料种类

1667．保温隔热项目中保温隔热屋面工程量计算规则按设计图示尺寸以（　　）计算。

A．面积，不扣除柱、垛所占面积　　B．面积，扣除柱、垛所占面积

C．体积，扣除柱、垛所占体积　　D．体积，不扣除柱、垛所占体积

1668．保温隔热项目中保温隔热墙工程量计算规则下列描述正确的是（　　）。

A．按设计图示尺寸以面积计算，不扣除门窗洞口所占面积，门窗洞口侧壁需作保温时，并入保温墙体工程量内

B．按设计图示尺寸以面积计算，扣除门窗洞口所占面积，门窗洞口侧壁需作保温时，并入保温墙体工程量内

C．按设计图示尺寸以面积计算，扣除门窗洞口所占面积，门窗洞口侧壁需作保温时，侧壁保温工程量不考虑

D．按设计图示尺寸以面积计算，不扣除门窗洞口所占面积，门窗洞口侧壁需作保温时，侧壁保温工程量不考虑

1669．温隔热项目中保温柱工程量计算规则按（　　）计算。

A．设计图示尺寸以保温层中心线展开长度乘以保温层高度

B．设计图示尺寸以保温层外围长度乘以保温层高度

C．设计图示尺寸以柱外围长度乘以保温层高度

D．设计图示尺寸以柱高

1670．保温隔热项目中保温柱工程量计算规则按（　　）计算。

A．设计图示尺寸以柱高乘以保温层外围长度

B．设计图示尺寸以保温层外围长度乘以保温层高度乘以保温层厚度

C．设计图示尺寸以柱外围长度乘以保温层高度乘以保温层厚度

D．设计图示尺寸以保温层中心线展开长度乘以保温层高度

1671．保温隔热项目中隔热楼地面工程量计算规则按设计图示尺寸以（　　）计算。

A．面积，扣除柱、垛所占面积　　B．面积，不扣除柱、垛所占面积

C．体积，扣除柱、垛所占体积　　D．体积，不扣除柱、垛所占体积

1672．某车间做隔热楼地面 $120m^2$，厚 30mm，车间中间有三根 500mm×500mm 的混凝土柱，根据隔热楼地面工程量计算规则该车间隔热地面的工程量为（　　）。

A．$120m^2$　　B．$119.25m^2$

C．$3.6m^3$　　D．$3.58m^3$

1673．以下关于现浇混凝土基础，说法正确的是（　　）。

A．现浇混凝土基础项目包括带形基础、独立基础、满堂基础 3 个清单项目

B．现浇混凝土基础项目包括带形基础、独立基础、满堂基础、设备基础 4 个清单项目

C．现浇混凝土基础项目包括带形基础、独立基础、满堂基础、设备基础、桩承台基础 5 个清单项目

D．现浇混凝土基础项目包括带形基础、独立基础、满堂基础、设备基础、桩承台基础、垫层 6 个清单项目

1674．以下关于现浇混凝土独立基础，说法正确的是（　　）。

A．独立基础适用于块体柱基、杯基、柱下板式基础、无筋倒圆台基础、壳体基础等，不适用于电梯井基础

B．独立基础适用于块体柱基、杯基、无筋倒圆台基础、壳体基础、电梯井基础等，不适用于柱下板式基础

C．独立基础适用于块体柱基、杯基、柱下板式基础、无筋倒圆台基础、壳体基础、电梯井基础等

D．独立基础适用于块体柱基、柱下板式基础、无筋倒圆台基础、壳体基础、电梯井基础等，不适用于杯基

1675．以下关于现浇混凝土设备基础，说法正确的是（　　）。

A．设备基础适用于设备的块体柱基，不适用于设备的框架基础等，应注意，螺栓孔灌浆包括在报价内

B．设备基础适用于设备的块体柱基、框架基础等，应注意，螺栓孔灌浆不包括在报价内

C．设备基础适用于设备的块体柱基，不适用于设备的框架基础等，应注意，螺栓孔灌浆不包括在报价内

D．设备基础适用于设备的块体柱基、框架基础等，应注意，螺栓孔灌浆包括在报价内

1676．以下关于现浇混凝土柱，说法正确的是（　　）。

A．现浇混凝土柱项目包括矩形柱、异形柱、圆柱、构造柱、框架柱 5 个清单项目

B．现浇混凝土柱项目包括矩形柱、异形柱、圆柱、构造柱 4 个清单项目

C．现浇混凝土柱项目包括矩形柱、异形柱、圆柱 3 个清单项目

D．现浇混凝土柱项目包括矩形柱、异形柱 2 个清单项目

1677．以下关于现浇混凝土梁的说法正确的是（　　）。

A．现浇混凝土梁项目包括基础梁，矩形梁，异形梁，圈梁，过梁、弧形梁，拱形梁 6 个清单项目

B．现浇混凝土梁项目包括基础梁，矩形梁，异形梁，圈梁，过梁、弧形梁 5 个清单项目

C．现浇混凝土梁项目包括基础梁，矩形梁，异形梁，圈梁、过梁 4 个清单项目

D．现浇混凝土梁项目包括基础梁，矩形梁，异形梁 3 个清单项目

1678．图示有梁式满堂基础混凝土工程量为（　　）。

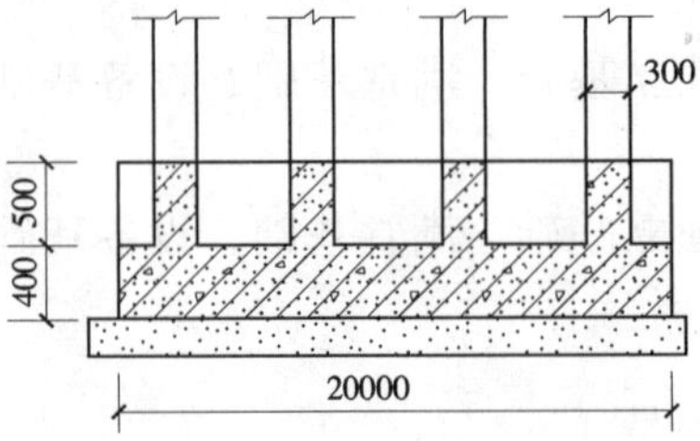

（a）纵向剖面图

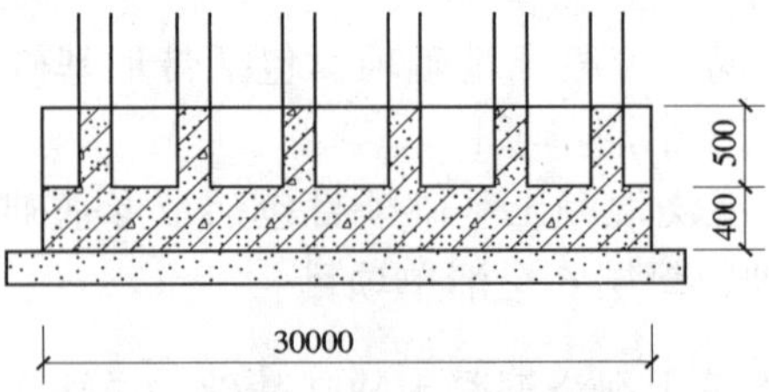

（b）横向剖面图

A．240.00m^3　　B．34.92m^3　　C．274.92m^3　　D．205.08m^3

1679．图所示，计算有梁板混凝土工程量为（　　）。

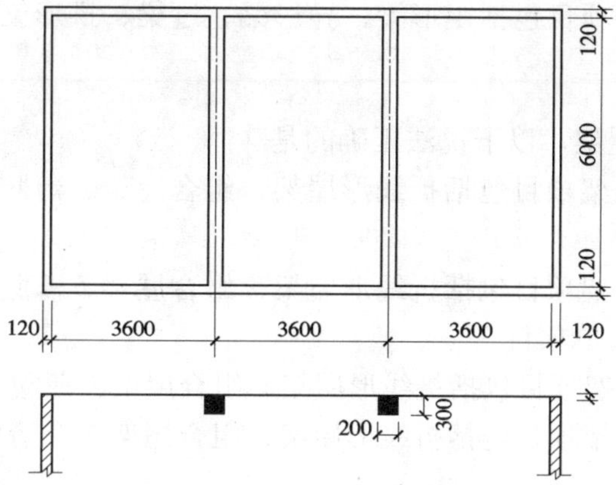

A．$0.549m^3$　　B．$6.06m^3$　　C．$5.51m^3$　　D．$4.961m^3$

1680．关于现浇混凝土墙，以下说法正确的是（　　）。

A．现浇混凝土墙项目包括直形墙、弧形墙、拱形墙和薄壳墙 4 个清单项目

B．现浇混凝土墙项目包括直形墙、弧形墙、拱形墙 3 个清单项目

C．现浇混凝土墙项目包括直形墙、弧形墙 2 个清单项目

D．现浇混凝土墙项目包括直形墙 1 个清单项目

1681．关于现浇混凝土板，以下说法正确的是（　　）。

A．现浇混凝土板项目包括有梁板、无梁板、平板、拱板、栏板等 9 个清单项目

B．现浇混凝土板项目包括有梁板、无梁板、平板、阳台板、栏板等 8 个清单项目

C．现浇混凝土板项目包括有梁板、无梁板、平板、阳台板、栏板等 7 个清单项目

D．现浇混凝土板项目包括有梁板、无梁板、平板、阳台板、栏板等 6 个清单项目

1682．关于现浇混凝土楼梯，以下说法正确的是（　　）。

A．现浇混凝土楼梯包括直形楼梯、弧形楼梯、单跑楼梯、双跑楼梯、三跑楼梯 5 个清单项目

B．现浇混凝土楼梯包括直形楼梯、弧形楼梯、单跑楼梯、双跑楼梯 4 个清单项目

C．现浇混凝土楼梯包括直形楼梯、弧形楼梯、单跑楼梯 3 个清单项目

D．现浇混凝土楼梯包括直形楼梯、弧形楼梯 2 个清单项目

1683．关于现浇混凝土其他构件，以下说法正确的是（　　）。

A．现浇混凝土其他构件包括其他构件，散水、坡道，电缆沟、地沟 3 个清单项目

B．现浇混凝土其他构件包括其他构件，散水，坡道，电缆沟、地沟 4 个清单项目

C．现浇混凝土其他构件包括其他构件，散水，坡道，电缆沟，地沟 5 个清单项目

D．现浇混凝土其他构件包括散水、坡道，电缆沟、地沟 2 个清单项目

1684．关于预制混凝土梁，以下说法正确的是（　　）。

A．预制混凝土梁项目包括矩形梁、异形梁、过梁 3 个清单项目

B．预制混凝土梁项目包括矩形梁、异形梁、过梁、拱形梁 4 个清单项目

C．预制混凝土梁项目包括矩形梁、异形梁、过梁、拱形梁、风道梁 5 个清单项目

D．预制混凝土梁项目包括矩形梁、异形梁、过梁、拱形梁、鱼腹式吊车梁、风道梁 6 个清单项目

1685．关于预制混凝土屋架，以下说法正确的是（　　）。

A．预制混凝土屋架项目包括折线形屋架、组合屋架、薄腹屋架、门式钢架屋架 4 个清单项目

B．预制混凝土屋架项目包括折线形屋架、组合屋架、薄腹屋架、门式钢架屋架、天窗架屋架 5 个清单项目

C．预制混凝土屋架项目包括折线形屋架、组合屋架、薄腹屋架 3 个清单项目

D．预制混凝土屋架项目包括折线形屋架、组合屋架 2 个清单项目

1686．关于预制混凝土板，以下说法正确的是（　　）。

A．预制混凝土板项目包括平板、空心板、槽形板、网架板、带肋板、沟盖板、大型板等 6 个清单项目

B．预制混凝土板项目包括平板、空心板、槽形板、网架板、带肋板、沟盖板、大型板、井盖板等 7 个清单项目

C．预制混凝土板项目包括平板、空心板、槽形板、网架板、带肋板、沟盖板、大型板、井盖板、井圈等 8 个清单项目

D．预制混凝土板项目包括平板、空心板、槽形板、网架板、折线板、带肋板、沟盖板、大型板、井盖板、井圈等 9 个清单项目

1687．关于预制混凝土其他预制构件，以下说法正确的是（　　）。

A．其他预制构件包括烟道、垃圾道、通风道、其他构件、水磨石构件 5 个清单项目

B．其他预制构件包括烟道、垃圾道、通风道、水磨石构件 4 个清单项目

C．其他预制构件包括烟道、垃圾道、通风道，其他构件，水磨石构件 3 个清单项目

D．其他预制构件包括烟道、垃圾道、通风道 2 个清单项目

1688．小型混凝土预制构件是指单件体积在（　　）m^3 以内的定额未列项目。

A．0.03　　B．0.05　　C．0.1　　D．0.2

1689．关于混凝土构筑物，以下说法正确的是（　　）。

A．混凝土构筑物项目包括储水池、储油池、储仓、水塔、烟囱、堤坝 6 个清单项目

B．混凝土构筑物项目包括储水池、储油池、储仓、水塔、烟囱 5 个清单项目

C．混凝土构筑物项目包括储水池、储油池，储仓，水塔，烟囱 4 个清单项目

D．混凝土构筑物项目包括储水池、储油池，水塔，烟囱 3 个清单项目

1690．关于钢筋工程，以下说法正确的是（　　）。

A．钢筋工程项目包括现浇混凝土钢筋、预制混凝土钢筋、钢筋网片、预应力钢筋、钢筋笼 5 个清单项目

B．钢筋工程项目包括现浇混凝土钢筋、预制混凝土钢筋、预应力钢筋、钢筋网片、钢筋笼、预应力钢丝 6 个清单项目

C．钢筋工程项目包括现浇混凝土钢筋、预制混凝土钢筋、先张法预应力钢筋、后

张法预应力钢筋、钢筋网片、钢筋笼、预应力钢丝等 7 个清单项目

D．钢筋工程项目包括现浇混凝土钢筋、预制混凝土钢筋、先张法预应力钢筋、后张法预应力钢筋、钢筋网片、钢筋笼、预应力钢丝、预应力钢绞线 8 个清单项目

1691．关于金属结构工程，以下说法正确的是（　　）。

A．金属结构工程适用于建筑物、构筑物的钢结构工程。包括钢屋架、钢网架、钢柱、钢梁等 7 个清单项目

B．金属结构工程适用于建筑物的钢结构工程。包括钢屋架、钢网架、钢柱、钢梁等 7 个清单项目，不包括构筑物的钢结构工程

C．金属结构工程适用于建筑物、构筑物的钢结构工程。包括钢屋架、钢网架、钢柱、钢梁等 6 个清单项目

D．金属结构工程适用于建筑物的钢结构工程。包括钢屋架、钢网架、钢柱、钢梁等 5 个清单项目，不包括构筑物的钢结构工程

1692．压型钢板楼板的工程量计算规则，以下说法正确的是（　　）。

A．按设计图示尺寸以铺设水平投影面积计算，扣除柱、垛及单个 $0.3m^2$ 以上的孔洞所占面积

B．按设计图示尺寸以铺设水平投影面积计算，不扣除柱、垛及单个 $0.3m^2$ 以内的孔洞所占面积

C．按设计图示尺寸以铺设水平投影面积计算，不扣除柱、垛所占面积，扣除单个 $0.3m^2$ 以上的孔洞所占面积

D．按设计图示尺寸以铺设水平投影面积计算，扣除柱、垛、不扣除单个 $0.3m^2$ 以内的孔洞所占面积

1693．关于屋面及防水工程，以下说法正确的是（　　）。

A．屋面及防水工程适用于建筑物屋面和墙、地面防水工程。主要包括瓦、型材屋面，屋面防水，墙地面防水等项目，不包括防潮项目

B．屋面及防水工程适用于建筑物屋面防水工程，不适用于墙、地面防水工程。主要包括瓦、型材屋面，屋面防水等项目

C．屋面及防水工程适用于建筑物屋面和墙、地面防潮工程。主要包括瓦、型材屋面，屋面防潮，墙地面防潮等项目

D．屋面及防水工程适用于建筑物屋面和墙、地面防水工程。主要包括瓦、型材屋面，屋面防水，墙地面防水、防潮等项目

1694．关于屋面防水，以下说法正确的是（　　）。

A．屋面防水项目包括屋面卷材防水、屋面涂膜防水、屋面刚性防水、屋面柔性防水、屋面排水管、屋面天沟沿沟 6 个清单项目

B．屋面防水项目包括屋面卷材防水、屋面涂膜防水、屋面刚性防水、屋面排水管、屋面天沟沿沟 5 个清单项目

C．屋面防水项目包括屋面卷材防水、屋面涂膜防水、屋面刚性防水、屋面排水管 4 个清单项目

D．屋面防水项目包括屋面卷材防水、屋面涂膜防水、屋面刚性防水 3 个清单项目

1695．关于墙地面防水、防潮，以下说法正确的是（　　）。

A．墙地面防水、防潮项目包括卷材防水、涂膜防水、砂浆防水（潮）、刚性防水、柔性防水、变形缝 6 个清单项目

B．墙地面防水、防潮项目包括卷材防水、涂膜防水、砂浆防水（潮）、刚性防水、变形缝 5 个清单项目

C．墙地面防水、防潮项目包括卷材防水、涂膜防水、砂浆防水（潮）、变形缝 4 个清单项目

D．墙地面防水、防潮项目包括卷材防水、涂膜防水、砂浆防水（潮）3 个清单项目

1696．防腐保温隔热工程中关于防腐面层，下列说法正确的是（　　）。

A．防腐面层项目包括防腐混凝土面层、防腐胶泥面层、玻璃钢防腐面层 3 个清单项目

B．防腐面层项目包括防腐混凝土面层、防腐砂浆面层、防腐胶泥面层及块料防腐面层 4 个清单项目

C．防腐面层项目包括防腐混凝土面层、防腐砂浆面层、防腐胶泥面层、玻璃钢防腐面层及块料防腐面层 5 个清单项目

D．防腐面层项目包括防腐混凝土面层、防腐砂浆面层、防腐胶泥面层、玻璃钢防腐面层、聚氯乙烯板面层及块料防腐面层 6 个清单项目

1697．关于隔热、保温项目，下列说法正确的是（　　）。

A．隔热、保温项目包括保温隔热屋面、保温隔热顶棚、保温隔热墙、保温柱、隔热楼地面 5 个清单项目

B．隔热、保温项目包括保温隔热屋面、保温隔热顶棚、保温隔热墙、隔热楼地面 4 个清单项目

C．隔热、保温项目包括保温隔热屋面、保温隔热顶棚、隔热楼地面 3 个清单项

D．隔热、保温项目包括保温隔热屋面、保温隔热墙 2 个清单项目

1698．装饰工程工程量清单项目中不包括（　　）。

A．墙柱面工程　　B．油漆涂料工程

C．屋面工程　　D．门窗工程

1699．楼地面工程的项目编码是（　　）。

A．0101　　B．0102　　C．0201　　D．0202

1700．楼地面工程中的整体面层的项目编码是（　　）。

A．010101　　B．010102　　C．020101　　D．020102

1701．下列关于楼地面工程中的整体面层描述正确的是（　　）。

A．整体面层包括水泥砂浆、现浇水磨石、细石混凝土和菱苦土楼地面

B．整体面层包括水泥砂浆、预制水磨石、细石混凝土和菱苦土楼地面

C．整体面层包括防腐砂浆、现浇水磨石、细石混凝土和菱苦土楼地面
D．整体面层包括水泥砂浆、现浇水磨石、细石混凝土和大理石楼地面

1702．水泥砂浆楼地面的工程内容不包括（　　）。
A．基层清理　B．垫层铺设　C．抹找平层　D．砂浆制作

1703．现浇水磨石楼地面的工程内容不包括（　　）。
A．嵌缝条制作　B．嵌缝条安装
C．面层铺设　D．磨光、酸洗、打蜡

1704．细石混凝土楼地面的工程内容不包括（　　）。
A．基层清理　B．垫层铺设　C．抹找平层　D．细石混凝土制作

1705．菱苦土楼地面的工程内容不包括（　　）。
A．基层清理　B．菱苦土制作　C．面层铺设　D．防水层铺设

1706．水泥砂浆楼地面的项目特征不包括（　　）。
A．垫层材料种类　B．找平层厚度　C．楼地面面积　D．砂浆配合比

1707．现浇水磨石楼地面的项目特征不包括（　　）。
A．垫层厚度　B．防水层材料种类
C．水泥石子浆配合比　D．水磨石面积

1708．石混凝土楼地面楼地面的项目特征不包括（　　）。
A．垫层厚度　B．防水层材料种类
C．防水层厚度　D．混凝土体积

1709．下列楼地面工程中的整体面层工程量计算规则描述正确的是（　　）。
A．按设计图示尺寸以面积计算，扣除凸出地面的构筑物、设备基础等所占面积
B．按设计图示尺寸以面积计算，不扣除凸出地面的构筑物、设备基础等所占面积
C．按设计图示尺寸以面积计算，扣除 $0.2m^2$ 的柱所占面积
D．按设计图示尺寸以面积计算，不扣除 $0.5m^2$ 的柱所占面积

1710．下列楼地面工程中的整体面层工程量计算规则描述错误的是（　　）。
A．按设计图示尺寸以面积计算
B．按设计图示尺寸以体积计算
C．按设计图示尺寸以面积计算，不扣除间壁墙所占面积
D．按设计图示尺寸以面积计算，不增加门洞口开口部分面积

1711．某房间水磨石地面，室内净面积 $120m^2$，房中间有 1 根 500mm×500mm 的混凝土柱，有 2 个突出墙面 120mm 的墙垛，墙垛宽 240mm，根据楼地面工程量计算规则该房间水磨石地面的工程量为（　　）。
A．$119.69m^2$　B．$119.75m^2$　C．$119.94m^2$　D．$120m^2$

1712．楼地面工程中的块料面层的项目编码是（　　）。

A．010101　　B．010102　　C．020101　　D．020102

1713．石材楼地面的项目编码是（　　）。
A．010201001　　B．010102002　　C．020102001　　D．020102002

1714．块料楼地面的项目编码是（　　）。
A．020201001　　B．020102002　　C．020102001　　D．020202002

1715．石材、块料楼地面的工程内容不包括（　　）。
A．基层清理　　B．垫层铺设
C．抹找平层　　D．石材、块料的加工

1716．石材、块料楼地面的工程内容不包括（　　）。
A．基层清理　　B．石材、块料的制作
C．抹找平层　　D．面层铺设

1717．石材、块料楼地面的项目特征不包括（　　）。
A．垫层材料种类　B．找平层厚度　　C．楼地面面积　　D．砂浆配合比

1718．石材楼地面的项目特征不包括（　　）。
A．石材楼地面面积　　B．找平层厚度
C．垫层材料种类　　D．打蜡要求

1719．下列楼地面工程中的块料面层工程量计算规则描述正确的是（　　）。
A．按设计图示尺寸以面积计算，扣除凸出地面的构筑物、设备基础等所占面积
B．按设计图示尺寸以面积计算，不扣除凸出地面的构筑物、设备基础等所占面积
C．按设计图示尺寸以面积计算，扣除 $0.2m^2$ 的附墙烟囱所占面积
D．按设计图示尺寸以面积计算，不扣除 $05m^2$ 的柱所占面积

1720．下列楼地面工程中的块料面层工程量计算规则描述错误的是（　　）。
A．按设计图示尺寸以面积计算
B．按设计图示尺寸以体积计算
C．按设计图示尺寸以面积计算，不扣除间壁墙所占面积
D．按设计图示尺寸以面积计算，不增加门洞、空圈等开口部分面积

1721．某房间大理石地面，室内净面积 $120m^2$，房中间有 2 根 600mm×600mm 的混凝土柱，有 2 个突出墙面 120mm 的墙垛，墙垛宽 240mm，根据楼地面工程量计算规则该房间大理石地面的工程量为（　　）。
A．$119.22m^2$　　B．$119.58m^2$　　C．$119.28m^2$　　D．$120m^2$

1722．楼地面工程中踢脚线的项目编码是（　　）。
A．020103　　B．020104　　C．020105　　D．020106

1723．楼地面工程中水泥砂浆踢脚线的项目编码是（　　）。
A．020104001　　B．020105001　　C．020104002　　D．020105002

1724．楼地面工程中木踢脚线的项目编码是（　　）。

A．020105003　B．020105004　C．020105005　D．020105006

1725．地面工程中水泥砂浆踢脚线的工程内容不包括（　　）。

A．基层清理　B．垫层铺设　C．面层铺贴　D．材料运输

1726．地面工程中石材踢脚线的工程内容不包括（　　）。

A．基层清理　B．底层抹灰　C．勾缝　D．铺找平层

1727．楼地面工程中木踢脚线的工程内容不包括（　　）。

A．木踢脚板加工　B．基层铺贴　C．面层铺贴　D．刷油漆

1728．楼地面工程中踢脚线的项目特征不包括（　　）。

A．踢脚线高度　B．踢脚线长度　C．材料种类　D．防护材料种类

1729．地面工程中水磨石踢脚线的项目特征不包括（　　）。

A．踢脚线高度　B．石子种类、颜色

C．酸洗、打蜡要求　D．踢脚线面积

1730．下列楼地面工程中的踢脚线工程量计算规则描述正确的是（　　）。

A．按设计图示尺寸以长度计算，扣除门洞口、空圈等所占长度

B．按设计图示尺寸以面积计算，扣除门洞口、空圈等所占面积

C．按设计图示尺寸以长度计算，不扣除门洞口、空圈等所占长度

D．按设计图示尺寸以面积计算，不扣除门洞口、空圈所等占面积

1731．下列楼地面工程中的踢脚线工程量计算规则描述正确的是（　　）。

A．按设计图示尺寸以面积计算，扣除门洞口、空圈等所占面积

B．按设计图示尺寸以体积计算，扣除门洞口、空圈等所占体积

C．按设计图示尺寸以体积计算，不扣除门洞口、空圈等所占体积

D．按设计图示尺寸以面积计算，不扣除门洞口、空圈所等占面积

1732．楼地面工程中的踢脚线工程量计算规则是按设计图示尺寸（　　）计算。

A．长度　B．长度乘以高度

C．长度乘以高度乘以厚度　D．高度

1733．楼地面工程中楼梯装饰的项目编码是（　　）。

A．020103　B．020104　C．020105　D．020106

1734．楼地面工程中楼梯装饰的工程内容不包括（　　）。

A．基层清理　B．铺设垫层　C．防滑条安装　D．材料运输

1735．梯装饰的项目特征不包括（　　）。

A．找平层厚度　B．面层厚度　C．踏步数量　D．砂浆配合比

1736．楼梯装饰中地毯楼梯面层的项目特征不包括（　　）。

A．找平层厚度　B．面层厚度　C．地毯长度　D．砂浆配合比

1737．楼梯装饰的工程量计算规则以下描述正确的是（　　）。

A．按设计图示尺寸以水平投影面积计算，包括踏步、休息平台、500mm 内楼梯井

B．按设计图示尺寸以水平投影面积计算，包括踏步、休息平台、600mm 内楼梯井

C．按设计图示尺寸以水平投影面积计算，包括踏步、休息平台、扣除楼梯井面积

D．按设计图示尺寸以水平投影面积计算，包括踏步、500mm 内楼梯井面积，不计休息平台面积

1738．下列关于楼梯装饰说明正确的是（　　）。

A．楼梯侧面装饰应按楼地面工程中零星装饰项目编码列项

B．楼梯侧面装饰不计算

C．楼梯底面抹灰并入楼梯装饰面层工程量内

D．楼梯底面抹灰不计算

1739．地面工程中扶手、栏杆、栏板装饰的项目编码是（　　）。

A．020106　B．020107　C．020108　D．020109

1740．楼地面工程中硬木扶手装饰的工程内容不包括（　　）。

A．预埋件安装　B．扶手制作、运输安装

C．刷防护材料　D．刷油漆

1741．楼地面工程中硬木扶手装饰的项目特征不包括（　　）。

A．扶手材料种类、规格　B．油漆品种

C．刷漆遍数　D．扶手长度

1742．楼地面工程中楼梯扶手工程量计算规则是按设计图示尺寸以（　　）计算。

A．扶手中心线长度（不包括弯头长度）　B．扶手外边线长度（包括弯头长度）

C．扶手中心线长度（包括弯头长度）　D．扶手内边线长度（包括弯头长度）

1743．以下关于“扶手、栏杆、栏板装饰”工程量计算描述正确的是（　　）。

A．扶手、栏杆、栏板材料不同时，不用分别列项

B．扶手、栏杆、栏板材料不同及栏杆、栏板形式不同时，都应分别列项

C．扶手、栏杆、栏板材料不同时，应分别列项；形式不同时，不用分别列项

D．扶手、栏杆、栏板材料不同时，不用分别列项；形式不同时，分别列项

1744．墙柱面工程的项目编码是（　　）。

A．0101　B．0102　C．0201　D．0202

1745．柱面工程下列说法错误的是（　　）。

A．墙柱面工程适用于一般抹灰、装饰抹灰、墙面镶贴块料、柱饰面等项目

B．墙柱面工程适用于一般抹灰、装饰抹灰，不适用于墙面镶贴块料

C．墙柱面工程适用于一般抹灰、装饰抹灰，墙面镶贴块料等项目，不适用于柱饰面

D．墙柱面工程仅适用于抹灰项目

1746．墙面一般抹灰中不包括（　　）。

A．石灰砂浆　　B．水泥砂浆　　C．麻刀灰　　D．水刷石

1747．墙面装饰抹灰中不包括（　　）。

A．水磨石　　B．干粘石　　C．石膏灰　　D．拉毛灰

1748．墙面一般抹灰、装饰抹灰的工程内容不包括（　　）。

A．基层清理　　B．砂浆制作、运输

C．抹装饰面　　D．刷涂料

1749．墙面一般抹灰、装饰抹灰的项目特征不包括（　　）。

A．墙体类型　　B．底层厚度、配合比

C．面层厚度、配合比　　D．涂料品种

1750．墙面勾缝的项目特征描述不包括（　　）。

A．墙体类型　　B．勾缝长度　　C．勾缝类型　　D．勾缝材料种类

1751．墙面抹灰工程量计算规则是按设计图示尺寸以（　　）计算。

A．面积，应扣除墙裙、门窗洞口及 $0.3m^2$ 以外的孔洞面积

B．面积，只扣除墙裙面积

C．面积，扣除墙裙、门窗洞口、踢脚线及 $0.3m^2$ 以外的孔洞面积

D．面积，扣除墙裙、门窗洞口、踢脚线、挂镜线及 $0.3m^2$ 以内的孔洞面积

1752．墙面抹灰工程量计算规则是按设计图示尺寸以（　　）计算。

A．面积，应扣除墙裙、门窗洞口及 300mm×300mm 以外的孔洞面积

B．面积，不扣除墙裙面积，应扣除门窗洞口及 $0.3m^2$ 以外的孔洞面积

C．面积，应扣除墙裙、门窗洞口及 $0.3m^2$ 以外的孔洞面积

D．面积，不扣除门窗洞口面积，扣除墙裙、踢脚线、挂镜线的面积

1753．墙面抹灰工程量计算规则是按设计图示尺寸以（　　）计算。

A．面积，附墙柱、垛、烟囱等侧壁面积并入相应的墙面面积内

B．面积，附墙柱、垛、烟囱等侧壁面积不计算

C．面积，附墙柱侧壁面积并入相应的墙面面积内，附墙垛、烟囱等侧壁面积不计算

D．面积，附墙垛侧壁面积并入相应的墙面面积内，附墙柱、烟囱等侧壁面积不计算

1754．外墙面抹灰面积按外墙垂直投影面积计算，外墙抹灰高度以下规定正确的是（　　）。

A．有挑檐天沟，由室外地坪算至挑檐顶面

B．有挑檐天沟，由室外地坪算至挑檐下皮

C．无挑檐天沟，由室外地坪算至压顶板顶部

D．无挑檐天沟，由室外地坪算至屋面板下皮

1755．内墙面抹灰面积以下说法正确的是（　　）。

A．按室内主墙间的净长乘以高度计算，高度中扣除墙裙高度

B．按内墙的中心线长乘以高度计算，高度中扣除墙裙高度
C．按室内主墙间的净长乘以高度计算，高度中不扣除墙裙高度
D．按内墙的中心线长乘以高度计算，高度中不扣除墙裙高度

1756．柱面抹灰工程量计算规则，以下说法正确的是（　　）。
A．按设计图示尺寸以柱断面积乘以柱高计算
B．按设计图示尺寸以柱周长（指抹灰面外围周长）乘以柱高计算
C．按设计图示尺寸以柱周长（指结构断面周长）乘以柱高计算
D．按设计图示尺寸以柱断面直径乘以柱高计算

1757．墙面镶贴块料面层的项目编码是（　　）。
A．020202　　B．020203　　C．020204　　D．020205

1758．墙面镶贴块料面层的工程内容不包括（　　）。
A．基层清理　　B．块材制作、运输
C．面层铺贴、干挂　　D．酸洗、打蜡

1759．墙面镶贴块料面层的工程内容不包括（　　）。
A．基层清理　　B．砂浆制作、运输
C．面层铺贴　　D．混凝土制作、运输

1760．墙面镶贴块料面层的项目特征不包括（　　）。
A．墙体类型　　B．挂贴方式
C．面层材料品种、规格　　D．面层材料价格

1761．墙面镶贴块料面层的工程量计算规则，以下描述正确的是（　　）。
A．墙面镶贴块料面层按设计图示尺寸以面积计算
B．墙面镶贴块料面层按设计图示尺寸以外墙长度计算
C．墙面镶贴块料面层按设计图示尺寸以外墙长度乘以高度乘以厚度计算
D．墙面镶贴块料面层按设计图示尺寸以面积计算，不需要扣除门窗洞口面积

1762．干挂石材钢骨架的工程量计算规则，以下描述正确的是（　　）。
A．干挂石材钢骨架按设计图示尺寸以面积计算
B．干挂石材钢骨架按设计图示尺寸以骨架长度计算
C．干挂石材钢骨架按设计图示尺寸以体积计算
D．干挂石材钢骨架按设计图示尺寸以质量计算

1763．柱（梁）面镶贴块料的项目编码是（　　）。
A．020202　　B．020203　　C．020204　　D．020205

1764．柱（梁）面镶贴块料中石材柱面的项目编码是（　　）。
A．020204001　　B．020204002　　C．020205001　　D．020205002

1765．柱（梁）面镶贴块料的项目特征不包括（　　）。

A．柱截面类型　　B．柱高　　C．挂贴方式　　D．酸洗、打蜡

1766．柱（梁）面镶贴块料的工程量计算规则，以下描述正确的是（　　）。

A．按设计图示尺寸以柱结构周长乘以高度以面积计算

B．按设计图示尺寸以柱高计算

C．按设计图示尺寸以柱高乘以周长乘以厚度计算

D．按设计图示尺寸饰面周长乘以高度以面积计算

1767．墙饰面的项目编码是（　　）。

A．020207　　B．020206　　C．020205　　D．020204

1768．墙饰面项目下列说法错误是（　　）。

A．墙饰面适用于金属饰面、塑料饰面、木质饰面、软包带衬饰面等

B．墙饰面适用于塑料饰面、木质饰面、软包带衬饰面等，不适用于金属饰面

C．墙饰面适用于金属饰面、木质饰面、软包带衬饰面等，不适用于塑料饰面

D．墙饰面适用于金属饰面、木质饰面、塑料饰面等，不适用于软包带衬饰面

1769．饰面的工程内容不包括（　　）。

A．基层清理　　B．砂浆制作、运输

C．砂浆配合比　　D．面层铺贴

1770．墙饰面的项目特征不包括（　　）。

A．墙体类型　　B．砂浆配合比

C．龙骨材料种类、规格、中距　　D．龙骨价格

1771．墙饰面的工程量计算规则，以下描述正确的是（　　）。

A．按设计图示尺寸以墙净长乘以净高以面积计算，扣除门窗洞口及 $0.3m^2$ 以内的孔洞所占面积

B．按设计图示尺寸以墙净长乘以净高以面积计算，扣除门窗洞口及 $0.3m^2$ 以外的孔洞所占面积

C．按设计图示尺寸以墙中心线长乘以净高以面积计算，扣除门窗洞口及 $0.3m^2$ 以外的孔洞所占面积

D．按设计图示尺寸以墙中心线长乘以净高以面积计算，扣除门窗洞口及 $0.3m^2$ 以内的孔洞所占面积

1772．墙饰面的工程量计算规则规定，（　　）孔洞面积应扣除。

A．$0.1m^2$　　B．$0.2m^2$　　C．$0.3m^2$　　D．$0.4m^2$

1773．柱（梁）饰面的工程量计算规则，以下描述正确的是（　　）。

A．按设计图示尺寸以柱结构周长乘以高度以面积计算

B．按设计图示尺寸以柱结构周长乘以高度以面积计算，柱帽、柱墩饰面不计

C．按设计图示饰面外围尺寸以面积计算，柱帽、柱墩饰面并入相应柱饰面工程量内

D．按设计图示饰面外围尺寸以面积计算，柱帽、柱墩饰面不计

1774．有 5 根 500mm×600mm 的混凝土柱，柱高 4m，做石材饰面，石材饰面外围尺寸为 700mm×800mm，每个柱柱帽饰面面积是 $0.4m^2$ 柱墩饰面面积 $0.6m^2$，则该项目柱饰面工程量为（　　）。

A．$65m^2$　　B．$60m^2$　　C．$49m^2$　　D．$44m^2$

1775．隔断的项目编码是（　　）。

A．020210　　B．020209　　C．020208　　D．020207

1776．隔断的工程内容不包括（　　）。

A．砂浆制作　　B．骨架机边框制作

C．隔板制作、运输　　D．嵌缝、塞口

1777．隔断的项目特征不包括（　　）。

A．骨架、边框材料种类　　B．隔板种类

C．塞口材料品种　　D．砂浆配合比

1778．隔断的工程量计算规则是按设计（　　）计算。

A．图示框外围尺寸以面积　　B．图示框内尺寸以面积

C．图示框外围尺寸以长度　　D．图示框内尺寸以长度

1779．隔断的工程量计算规则是按设计图示（　　）。

A．框外围尺寸以面积计算，扣除单个 $0.3m^2$ 以内的孔洞所占面积

B．框外围尺寸以面积计算，扣除单个 $0.3m^2$ 以上的孔洞所占面积

C．框内尺寸以面积计算，扣除单个 $0.3m^2$ 以内的孔洞所占面积

D．框内尺寸以面积计算，扣除单个 $0.3m^2$ 以上的孔洞所占面积

1780．隔断的工程量计算规则是按设计图示（　　）

A．框外围尺寸以面积计算，不扣除单个 $0.3m^2$ 以内的孔洞所占面积，浴厕门材质与隔断相同时，门面积不计

B．框外围尺寸以面积计算，扣除单个 $0.3m^2$ 以内的孔洞所占面积，浴厕门材质与隔断相同时，门面积并入隔断面积内

C．框外围尺寸以面积计算，扣除单个 $0.3m^2$ 以上的孔洞所占面积，浴厕门材质与隔断相同时，门面积并入隔断面积内

D．框外围尺寸以面积计算，扣除单个 $0.3m^2$ 以上的孔洞所占面积，浴厕门材质与隔断相同时，门面积单独计算

1781．玻璃隔断的高度按（　　）计算。

A．上横档底面至下横档底面之间高度　　B．上横档底面至下横档上面之间高度

C．上横档顶面至下横档上面之间高度　　D．上横档顶面至下横档底面之间高度

1782．对于“全玻璃隔断”，以下叙述正确的是（　　）。

A．全玻璃隔断是以铝合金为材料，其工程量以边框展开面积计算

B．全玻璃隔断是指没有边框只有玻璃的隔断，其工程量以面积计算

C．全玻璃隔断是以不锈钢为材料，其工程量以边框展开面积计算

D．全玻璃隔断是以不锈钢为材料，其工程量以玻璃面积计算

1783．幕墙的项目编码是（　　）。

A．020210　　B．020209　　C．020208　　D．020207

1784．幕墙清单项目以下说法正确的是（　　）。

A．幕墙项目包括带骨架幕墙、全玻璃幕墙、其他幕墙 3 个清单项目

B．幕墙项目包括带骨架幕墙、全玻璃幕墙 2 个清单项目

C．幕墙项目包括带骨架幕墙、全玻璃幕墙、隐形幕墙和其他幕墙 4 个清单项目

D．幕墙项目包括幕墙 1 个清单项目

1785．幕墙的工程内容不包括（　　）。

A．骨架制作、运输　　B．骨架安装

C．面层安装　　D．玻璃加工裁剪

1786．全玻璃幕墙的工程内容不包括（　　）。

A．骨架制作、运输　　B．幕墙安装

C．嵌缝、塞口　　D．清洗

1787．全玻璃幕墙的项目特征不包括（　　）。

A．玻璃品种、规格　　B．玻璃颜色

C．塞口材料种类　　D．骨架中距

1788．带骨架幕墙的项目特征不包括（　　）。

A．玻璃品种　　B．骨架材料种类

C．面层材料品种　　D．面层固定方式

1789．全玻璃幕墙的工程量计算规则，以下描述正确的是（　　）。

A．按设计图示尺寸以面积计算，带肋全玻幕墙的玻璃肋不计算

B．按设计图示尺寸以面积计算，带肋全玻幕墙按展开面积计算

C．按设计图示尺寸以幕墙长度计算，带肋全玻幕墙的肋不计算

D．按设计图示尺寸以幕墙长度计算，带肋全玻幕墙按展开长度计算

1790．带骨架幕墙的工程量计算规则，以下描述正确的是（　　）。

A．按设计图示框外围尺寸以面积计算，扣除与幕墙同种材质的窗所占面积

B．按设计图示框内尺寸以面积计算，扣除与幕墙同种材质的窗所占面积

C．按设计图示框外围尺寸以面积计算，不扣除与幕墙同种材质的窗所占面积

D．按设计图示框内尺寸以面积计算，不扣除与幕墙同种材质的窗所占面积

1791．顶棚工程的项目编码是（　　）。

A．0201　　B．0202　　C．0203　　D．0204

1792．顶棚工程清单项目以下说法正确的是（　　）。

A．顶棚工程主要包括顶棚抹灰 1 个清单项目
B．顶棚工程主要包括顶棚抹灰、顶棚吊顶 2 个清单项目
C．顶棚工程主要包括顶棚抹灰、顶棚吊顶、顶棚块料饰面 3 个清单项目
D．顶棚工程主要包括顶棚抹灰、顶棚吊顶、顶棚其他装饰 3 个清单项目

1793．顶棚抹灰的项目编码是（　　）。
A．020101　　B．020201　　C．020301　　D．020401

1794．顶棚抹灰清单项目以下说法正确的是（　　）。
A．顶棚抹灰适用于在各种基层上的抹灰，包括顶棚抹灰（020302001）1 个清单项目
B．顶棚抹灰只适用于在混凝土现浇板的抹灰，包括顶棚抹灰 1 个清单项目
C．顶棚抹灰适用于在各种基层上的抹灰，包括顶棚抹灰（020301001）1 个清单项目
D．顶棚抹灰适用于在混凝土现浇板和预制板上的抹灰，不适用于木板条上的抹灰

1795．顶棚抹灰的工程内容不包括（　　）。
A．砂浆制作、运输　　B．基层清理
C．底层抹灰　　D．面层抹灰

1796．顶棚抹灰的工程内容不包括（　　）。
A．基层清理　　B．底层抹灰
C．抹装饰线条　　D．砂浆制作、运输

1797．顶棚抹灰的项目特征不包括（　　）。
A．基层类型　　B．抹灰厚度　　C．抹灰面积　　D．砂浆配合比

1798．顶棚抹灰的项目特征不包括（　　）。
A．基层类型　　B．抹灰材料种类
C．装饰线条道数　　D．装饰线条长度

1799．抹灰工程量计算规则，以下说法正确的是（　　）。
A．带梁顶棚，梁两侧抹灰面积并入顶棚面积内
B．带梁顶棚，梁两侧抹灰面积不计算
C．带梁顶棚，梁两侧抹灰面积视梁高情况而定
D．带梁顶棚，当梁高小于 500mm 时，梁两侧抹灰面积不计算

1800．顶棚抹灰工程量计算规则，按设计图示尺寸以（　　）。
A．水平投影面积计算，扣除柱、垛、附墙烟囱等所占面积
B．水平投影面积计算，不扣除柱、垛、附墙烟囱等所占面积
C．水平投影面积计算，扣除检查口、管道等所占面积
D．水平投影面积计算，扣除间壁墙、附墙柱、垛等所占面积

1801．顶棚抹灰工程量计算规则规定，（　　）。
A．板式楼梯底面抹灰按斜面积计算，锯齿形楼梯底板抹灰按展开面积计算
B．板式楼梯底面抹灰、锯齿形楼梯底板抹灰均按水平投影面积计算

C．板式楼梯底面抹灰按水平投影面积计算，锯齿形楼梯底板抹灰按展开面积计算
D．板式楼梯底面抹灰按斜面积计算，锯齿形楼梯底板抹灰按水平投影面积计算

1802．顶棚抹灰工程量计算规则规定，（　　）。
A．板式楼梯底面抹灰按斜面积计算（可按水平投影面积乘以 1.5 计算）
B．锯齿形楼梯底板抹灰均按展开面积计算（可按水平投影面积乘以 1.3 计算）
C．板式楼梯底面抹灰、锯齿形楼梯底板抹灰按水平投影面积乘以 1.5 计算
D．板式楼梯底面抹灰按斜面积计算，（可按水平投影面积乘以 1.3 计算）

1803．顶棚抹灰工程量计算规则，按设计图示尺寸以（　　）。
A．水平投影面积计算，檐口顶棚抹灰面积按一半并入相同的顶棚抹灰工程量内
B．水平投影面积计算，檐口顶棚抹灰面积不计
C．水平投影面积计算，檐口顶棚抹灰面积并入相同的顶棚抹灰工程量内
D．水平投影面积计算，檐口顶棚抹灰面积乘以 1.5 并入相同的顶棚抹灰工程量内

1804．顶棚吊顶项目编码是（　　）。
A．020202　　B．020203　　C．020302　　D．020303

1805．顶棚吊顶的工程内容不包括（　　）。
A．基层清理　　B．龙骨制作、运输
C．龙骨安装　　D．面层铺贴

1806．吊筒吊顶的工程内容不包括（　　）。
A．基层清理　　B．底层抹灰　　C．龙骨安装　　D．吊筒安装

1807．吊筒吊顶项目特征不包括（　　）。
A．龙骨规格、中距　　B．吊筒形状、规格
C．吊筒颜色　　D．防护材料种类

1808．顶棚吊顶项目特征不包括（　　）。
A．龙骨类型　　B．龙骨中距
C．面层材料品种、规格　　D．面层面积

1809．关于格栅吊顶，下列说法正确的是（　　）。
A．格栅吊顶适用于木格栅、金属格栅以及塑料格栅等
B．格栅吊顶只适用于木格栅，不适用于金属格栅以及塑料格栅
C．格栅吊顶只适用于木格栅、金属格栅，不适用于塑料格栅
D．格栅吊顶只适用于金属格栅，不适用于木格栅、塑料格栅

1810．顶棚吊顶工程量计算规则，按设计图示尺寸以（　　）。
A．水平投影面积计算，扣除柱、垛、附墙烟囱等所占面积
B．水平投影面积计算，不扣除柱、垛、附墙烟囱等所占面积
C．水平投影面积计算，扣除检查口、管道等所占面积
D．水平投影面积计算，扣除间壁墙、附墙柱、垛等所占面积

1811．顶棚吊顶工程量计算规则，按设计图示尺寸以（　　）。

A．水平投影面积计算，扣除单个 0.3m^2 以上孔洞、独立柱等所占面积

B．水平投影面积计算，扣除单个 0.5m^2 以上孔洞、独立柱等所占面积

C．水平投影面积计算，不扣除单个 0.3m^2 以上孔洞、独立柱等所占面积

D．水平投影面积计算，与顶棚相连的窗帘盒所占面积不扣除

1812．顶棚吊顶工程量计算规则，按设计图示尺寸以（　　）。

A．水平投影面积计算，扣除单个 0.3m^2 以内孔洞、独立柱等所占面积

B．展开面积计算，扣除单个 0.3m^2 以上孔洞、独立柱等所占面积

C．展开面积计算，扣除单个 0.3m^2 以上孔洞、独立柱等所占面积

D．水平投影面积计算，扣除与顶棚相连的窗帘盒所占面积

1813．顶棚吊顶与顶棚抹灰工程量计算规则有所不同，以下说法正确的是（　　）。

A．顶棚吊顶与顶棚抹灰都不扣除柱垛所占面积，但顶棚吊顶应扣除独立柱所占面积

B．顶棚吊顶与顶棚抹灰都不扣除柱垛所占面积，也不扣除独立柱所占面积

C．顶棚吊顶与顶棚抹灰都不扣除柱垛所占面积，但顶棚抹灰应扣除独立柱所占面积

D．顶棚吊顶与顶棚抹灰都扣除柱垛所占面积

1814．以下关于顶棚的说明中，说法正确的是（　　）。

A．顶棚的检查口，顶棚内的检修走道、灯槽等不包括在报价内

B．顶棚内的检修走道、灯槽等应包括在报价内，顶棚的检查口不包括在报价内

C．顶棚的检查口，顶棚内的检修走道、灯槽等应包括在报价内

D．顶棚的检查口，顶棚内的检修走道等应包括在报价内，灯槽不包括在报价内

1815．顶棚其他装饰项目，以下说法正确的是（　　）。

A．顶棚其他装饰项目包括灯带、光檐、送风口、回风口 4 个清单项目

B．顶棚其他装饰项目包括灯带、送风口、回风口 3 个清单项目

C．顶棚其他装饰项目包括灯带（光檐）、送风口（回风口）2 个清单项目

D．顶棚其他装饰项目包括灯带、送风口、回风口 2 个清单项目

1816．顶棚其他装饰项目中，灯带的项目特征不包括（　　）。

A．灯带形式、尺寸　　　　B．灯泡数量

C．格栅片品种、规格　　　　D．安装固定方式

1817．顶棚其他装饰项目中，送风口的项目特征不包括（　　）。

A．风口材料品种、规格　　　　B．安装固定方式

C．防护材料种类　　　　D．风力大小

1818．顶棚其他装饰项目中，灯带的工程量计算规则以下说法正确的是（　　）。

A．灯带按设计图示尺寸以框内面积计算

B．灯带按设计图示尺寸以框外围面积计算

C．灯带按设计图示尺寸以灯带长度计算

D．灯带按设计图示以灯具数量计算

1819. 顶棚其他装饰项目中，送风口、回风口工程量计算规则以下说法正确的是（　　）。

A. 送风口、回风口按设计图示尺寸以面积计算

B. 送风口、回风口按设计图示尺寸以风管长度计算

C. 送风口、回风口按设计图示以数量计算

D. 送风口按设计图示尺寸以面积计算，回风口按设计图示以数量计算

1820. 对于门窗工程，以下说法错误的是（　　）。

A. 门窗工程主要包括木门、特种门、卷帘门、门窗套、金属窗、窗帘盒等项目

B. 门窗工程主要包括木门、金属门、金属窗、门窗套、窗台板、窗帘轨等项目

C. 门窗工程主要包括木门、金属门、金属窗、木窗、门窗套、窗帘轨等项目

D. 门窗工程主要包括木门、金属门、其他门、门窗套、窗台板、窗帘轨等项目

1821. 门窗工程的项目编码是（　　）。

A. 0102　　B. 0202　　C. 0203　　D. 0204

1822. 木门的项目编码是（　　）。

A. 020301　　B. 020302　　C. 020401　　D. 020402

1823. 关于木门以下说法正确的是（　　）。

A. 木门包括镶板木门、企口木板门、胶合板门、夹板装饰门、木纱门、门连窗等

B. 木门包括镶板木门、企口木板门、夹板装饰门、连窗门等，不包括木纱门

C. 木门包括镶板木门、企口木板门、木质防火门、木纱门等，不包括连窗门

D. 木门包括镶板木门、企口木板门、连窗门、木纱门等，不包括木质防火门

1824. 关于木门的工程内容，以下说法错误的是（　　）。

A. 木门工程内容包括门制作、运输、安装，五金安装，油漆等

B. 木门工程内容包括门制作、运输、安装，五金、玻璃安装，刷防护材料、油漆等

C. 木门工程内容包括门制作、运输、安装，五金、玻璃加工，油漆运输、涂刷等

D. 木门工程内容包括门制作、运输、安装，五金、玻璃安装，油漆等

1825. 镶板木门、企口木板门、实木装饰门的项目特征不包括（　　）。

A. 框截面尺寸　　B. 单扇面积

C. 面层材料品种、规格　　D. 玻璃颜色

1826. 板装饰门、木质防火门的项目特征不包括（　　）。

A. 门类型　　B. 框截面尺寸　　C. 油漆厚度　　D. 防火材料种类

1827. 门窗工程工程量计算规则，以下说法正确的是（　　）。

A. 按设计图示门窗扇尺寸以面积计算　　B. 按设计图示门窗洞口尺寸以面积计算

C. 按设计图示门窗扇数量计算　　D. 按设计图示门窗洞口尺寸以高度计算

1828. 门窗工程工程量计算规则，以下说法正确的是（　　）。

A. 按设计图示门窗数量计算

B．按设计图示门窗洞口尺寸乘以 1.05 以面积计算
C．按设计图示门窗扇数量计算
D．按设计图示门窗扇尺寸以面积计算

1829．金属门的项目编码是（　　）。
A．020301　　B．020302　　C．020401　　D．020402

1830．关于金属门以下说法正确的是（　　）。
A．金属门包括金属推拉门、金属地弹门、彩板门、塑钢门、特种门等 8 个清单项目
B．金属门包括金属推拉门、金属地弹门、彩板门、防盗门、塑钢门等 7 个清单项目
C．金属门包括金属推拉门、金属地弹门、彩板门、防盗门等，不包括塑钢门
D．金属门包括金属推拉门、金属地弹门、塑钢门、防盗门等，不包括彩板门

1831．金属门的工程内容不包括（　　）。
A．门制作、运输　　B．安装
C．五金、玻璃安装　　D．五金加工

1832．金属门的项目特征不包括（　　）。
A．门类型　　B．框材质、外围尺寸
C．钢板厚度　　D．油漆品种、刷漆遍数

1833．金属卷帘门的项目编码是（　　）。
A．020401　　B．020402　　C．020403　　D．020404

1834．关于金属卷帘门以下说法正确的是（　　）。
A．金属卷帘门包括金属卷闸门、金属格栅门、防火卷帘门 3 个清单项目
B．金属卷帘门包括金属卷闸门、金属格栅门 2 个清单项目，不包括防火卷帘门
C．金属卷帘门包括金属卷闸门、防火卷帘门 2 个清单项目，不包括金属格栅门
D．金属卷帘门包括金属卷闸门、金属格栅门、防火卷帘门、伸缩门 4 个清单项目

1835．金属卷帘门的工程内容不包括（　　）。
A．门制作、运输、安装　　B．油漆
C．启动装置、五金安装　　D．玻璃安装

1836．金属卷帘门的项目特征不包括（　　）。
A．框材质、外围尺寸　　B．玻璃规格
C．油漆品种　　D 刷漆遍数

1837．门窗工程中其他门的项目编码是（　　）。
A．020401　　B．020402　　C．020403　　D．020404

1838．全玻璃门（带扇框）、全玻璃自由门（无扇框）项目特征不包括（　　）。
A．外围尺寸　　B．玻璃颜色
C．玻璃品种、厚度　　D．五金品种、规格

1839．门窗工程中其他门的工程量计算规则，以下说法正确的是（　　）。

A．按设计图示数量计算

B．按设计图示门窗洞口尺寸乘以 0.95 以面积计算

C．按设计图示门扇数量计算

D．按设计图示门扇尺寸以面积计算

1840．门窗工程中金属窗的项目编码是（　　）。

A．020405　　B．020406　　C．020407　　D．020408

1841．门窗工程中金属窗中的特殊五金的工程量计算规则是按设计图示（　　）计算。

A．数量以“个/套”　　B．数量以“个”

C．数量以“组”　　D．数量以“套”

1842．关于门窗套，以下说法正确的是（　　）。

A．门窗套包括木门窗套、金属门窗套、石材门窗套、塑料门窗套、门窗木贴脸、硬木筒子板、饰面夹板筒子板等 7 个清单项目

B．门窗套包括木门窗套、金属门窗套、门窗木贴脸、硬木筒子板、饰面夹板筒子板等 5 个清单项目

C．门窗套包括木门窗套、金属门窗套、石材门窗套、门窗木贴脸、硬木筒子板、饰面夹板筒子板等 6 个清单项目

D．门窗套包括木门窗套、金属门窗套、石材门窗套 3 个清单项目

1843．门窗套工程量计算规则，是按设计图示尺寸以（　　）计算。

A．垂直投影面积　　B．水平投影面积

C．展开面积　　D．门窗套长度

1844．关于窗帘盒、窗帘轨项目，以下说法正确的是（　　）。

A．窗帘盒、窗帘轨项目包括木窗帘盒、石材窗帘盒、饰面夹板塑料窗帘盒、铝合金属窗帘盒、窗帘轨等 5 个清单项目

B．窗帘盒、窗帘轨项目包括木窗帘盒、饰面夹板塑料窗帘盒、铝合金属窗帘盒、窗帘轨 4 个清单项目

C．窗帘盒、窗帘轨项目包括木窗帘盒、饰面夹板塑料窗帘盒、窗帘轨 3 个清单项目

D．窗帘盒、窗帘轨项目包括窗帘盒、窗帘轨 2 个清单项目

1845．窗帘盒、窗帘轨项目特征不包括（　　）。

A．窗帘盒材质　　B．窗帘盒规格　　C．油漆种类　　D．安装高度

1846．窗帘盒、窗帘轨工程内容不包括（　　）。

A．制作　　B．运输、安装　　C．油漆　　D．抹找平层

1847．窗帘盒、窗帘轨工程量计算规则，是按设计图示尺寸以（　　）计算。

A．长度　　B．水平投影面积

C．展开面积　　D．垂直投影面积

1848．窗帘盒若为弧形时，其工程量计算以下说法正确的是（　　）。

A．按设计图示尺寸以中心线长度计算

B．按设计图示尺寸以水平投影面积计算

C．按设计图示尺寸以水平投影长度计算

D．按设计图示尺寸以弧形外围长度计算

1849．窗帘盒的项目编码是（　　）。

A．020405　　B．020406　　C．020407　　D．020408

1850．门窗工程中窗台板的项目编码是（　　）。

A．020410　　B．020409　　C．020408　　D．020407

1851．关于窗台板项目，以下说法正确的是（　　）。

A．窗台板项目包括木窗台板、石材窗台板、塑料窗台板、铝合金窗台板、混凝土窗台板等 5 个清单项目

B．窗台板项目包括木窗台板、石材窗台板、铝塑窗台板、金属窗台板 4 个清单项目

C．窗台板项目包括木窗台板、石材窗台板、铝塑窗台板 3 个清单项目

D．窗台板项目包括木窗台板、石材窗台板 2 个清单项目

1852．窗台板工程内容不包括（　　）。

A．基层清理　　B．制作、安装　　C．抹找平层　　D．窗台板运输

1853．窗台板的项目特征描述不包括（　　）。

A．找平层厚度　　B．材质、规格　　C．窗台板面积　　D．油漆种类

1854．窗台板工程量计算规则，是按设计图示尺寸以（　　）计算。

A．长度　　B．水平投影面积　　C．展开面积　　D．高度

1855．窗台板若为弧形时，其工程量计算以下说法正确的是（　　）。

A．按设计图示尺寸以中心线长度计算

B．按设计图示尺寸以弧形内围长度计算

C．按设计图示尺寸以水平投影长度计算

D．按设计图示尺寸以弧形外围长度计算

1856．油漆、涂料、裱糊工程的项目编码是（　　）。

A．0202　　B．0203　　C．0204　　D．0205

1857．门油漆的项目特征不包括（　　）。

A．门类型　　B．腻子种类　　C．油漆品种　　D．门规格

1858．门油漆的工程内容不包括（　　）。

A．运输油漆　　B．基层清理　　C．刮腻子　　D．刷油漆

1859．油漆的工程量计算规则，是按设计图示（　　）计算。

A．尺寸以面积　　B．尺寸高度　　C．数量以樘　　D．数量以扇

1860．门油漆项目编码是（　　）。

A．024001　　B．020402　　C．020501　　D．020502

1861．窗油漆项目编码是（　　）。

A．024001　　B．020402　　C．020501　　D．020502

1862．窗油漆工程内容不包括（　　）。

A．基层清理　　B．腻子运输　　C．刮腻子　　D．刷油漆

1863．窗油漆的项目特征不包括（　　）。

A．窗类型　　B．窗规格　　C．油漆品种　　D．腻子种类

1864．窗油漆的工程量计算规则，是按设计图示尺寸（　　）计算。

A．以单面洞口面积　　B．以双面洞口面积

C．高度以米　　D．数量以扇

1865．窗油漆的工程量计算规则，是按设计图示（　　）计算。

A．以双面洞口面积　　B．高度以米

C．数量以樘　　D．数量以扇

1866．门油漆项目以下说明正确的是（　　）。

A．门油漆应区分单层木门、双层木门（一玻一纱）、装饰门等，有框无框不用区分

B．门油漆应区分单层木门、装饰门、双层木门等，全玻璃自由门半全玻璃自由门不区分

C．门油漆应区分全玻璃自由门、半全玻璃自由门、装饰门等，单层双层不用区分

D．门油漆应区分单层木门、双层木门（一玻一纱）、装饰门、有框门、无框门等

1867．窗油漆项目以下说明正确的是（　　）。

A．窗油漆应区分单层玻璃窗、双层框、单层组合窗、双层组合窗、百叶窗等

B．窗油漆应区分单层玻璃窗、双层框、百叶窗等，单、双层组合窗不区分

C．窗油漆应区分单层组合窗、双层组合窗、百叶窗等，单、双层玻璃窗不区分

D．所有窗油漆都不区分窗类型，就列一项窗油漆

1868．木扶手及其他板条线条油漆项目编码是（　　）。

A．020501　　B．020502　　C．020503　　D．020504

1869．木扶手及其他板条线条油漆以下说法正确的是（　　）。

A．木扶手及其他板条线条油漆包括木扶手，窗帘盒，封檐板，挂衣板、黑板框，窗台板，窗帘棍等 6 个清单项目

B．木扶手及其他板条线条油漆包括木扶手，窗帘盒，封檐板、顺水板，挂衣板、黑板框，挂镜线、窗帘棍等 5 个清单项目

C．木扶手及其他板条线条油漆包括木扶手，窗帘盒，封檐板、顺水板，挂镜线、窗帘棍等 4 个清单项目

D．木扶手及其他板条线条油漆包括木扶手，窗帘盒，挂镜线、窗帘棍 3 个清单项目

1870．木扶手及其他板条线条油漆的工程内容不包括（　　）。
A．基层清理　　B．刮腻子　　C．油漆运输　　D．刷油漆

1871．木扶手及其他板条线条油漆的项目特征不包括（　　）。
A．油漆部位展开面积　　B．油漆用量
C．油漆品种　　D．油漆长度

1872．木扶手油漆工程量计算规则，是按设计图示尺寸以（　　）计算。
A．展开面积　　B．长度　　C．油漆用量　　D．忽略不计

1873．楼梯木扶手油漆工程量计算规则，以下说法正确的是（　　）。
A．按楼梯扶手中心线长度计算，弯头长度应计算在扶手长度内
B．按楼梯扶手水平投影长度计算，弯头长度应计算在扶手长度内长度
C．按楼梯扶手中心线长度计算，弯头长度不计算在扶手长度内
D．按楼梯扶手水平投影长度计算，弯头长度不计算在扶手长度内长度

1874．顺水板（博风板）油漆工程量计算规则，以下说法正确的是（　　）。
A．按看面的中心线斜长计算，有大刀头的增加 50cm
B．按看面的面积计算，有大刀头的增加 $0.5m^2$
C．按看面的中心线斜长计算，有大刀头的增加 100cm
D．按看面的中心线斜长计算，大刀头不增加

1875．木材面油漆的项目编码是（　　）。
A．020506　　B．020505　　C．020504　　D．020503

1876．木材面油漆的工程内容不包括（　　）。
A．腻子运输　　B．基层清理　　C．刮腻子　　D．刷油漆

1877．木材面油漆的项目特征不包括（　　）。
A．腻子种类　　B．刮腻子要求　　C．刷漆遍数　　D．木材面类型

1878．木材面油漆工程量计算规则，以下说法正确的是（　　）。
A．木板、纤维板、胶合板油漆、木护墙、木墙裙油漆以油漆部分展开面积计算
B．衣柜、壁柜油漆、梁柱饰面油漆，按图示尺寸面积计算
C．木地板油漆按面积计算，空圈、暖气包槽壁龛等开口部分面积不计算
D．木板、纤维板、胶合板油漆、木护墙、木墙裙油漆以油漆部分展开面积计算

1879．金属面油漆的项目编码是（　　）。
A．020506　　B．020505　　C．020504　　D．020503

1880．金属面油漆的工程内容不包括（　　）。
A．基层清理　　B．刮腻子　　C．烘干　　D．刷油漆

1881．金属面油漆的项目特征不包括（　　）。
A．腻子种类　B．刮腻子要求　C．刷漆遍数　D．金属面腐蚀情况

1882．金属面油漆工程量计算规则，是按设计图示尺寸以（　　）计算。
A．展开面积　B．金属面长度　C．质量　D．体积

1883．抹灰面油漆的项目编码是（　　）。
A．020506　B．020505　C．020504　D．020503

1884．抹灰面油漆的工程内容不包括（　　）。
A．基层清理　B．刮腻子　C．油漆运输　D．刷油漆

1885．抹灰面油漆的项目特征不包括（　　）。
A．基层类型　B．线条长度
C．线条宽度、道数　D．刷漆遍数

1886．抹灰面油漆工程量计算规则，以下说法正确的是（　　）。
A．抹灰面油漆按图示尺寸以面积计算，抹灰线条油漆按设计图示尺寸以长度计算
B．抹灰面油漆按设计尺寸以面积计算，抹灰线条油漆按图示尺寸以道数计算
C．抹灰面油漆和抹灰线条油漆均按图示尺寸以长度计算
D．抹灰面油漆和抹灰线条油漆均按图示尺寸以面积计算

1887．喷刷涂料的项目编码是（　　）。
A．020505　B．020506　C．020507　D．020508

1888．喷刷涂料的工程内容不包括（　　）。
A．基层清理　B．运输涂料　C．刮腻子　D．喷刷涂料

1889．喷刷涂料的项目特征不包括（　　）。
A．基层类型　B．刮腻子要求　C．涂料品种　D．刷漆涂料厚度

1890．喷刷涂料的工程量计算规则，是按设计图示尺寸以（　　）计算。
A．面积　B．体积　C．长度　D．高度

1891．花饰、线条刷涂料，以下说法正确的是（　　）。
A．花饰、线条刷涂料包括花格、栏杆、线条等刷涂料 3 个清单项目
B．花饰、线条刷涂料包括花格、栏杆刷涂料和线条刷涂料 2 个清单项目
C．花饰、线条刷涂料包括花格、栏杆、线条刷涂料 1 个清单项目
D．花饰、线条刷涂料包括花格、栏杆、线条、花墙等刷涂料 4 个清单项目

1892．花饰、线条刷涂料的项目特征不包括（　　）。
A．腻子种类　B．线条长度　C．线条宽度　D．涂料品种

1893．花饰、线条刷涂料的项目编码是（　　）。
A．020505　B．020506　C．020507　D．020508

1894．花饰、线条刷涂料的工程内容不包括（　　）。

A．基层清理　　B．刮腻子　　C．运输涂料　　D．喷刷涂料

1895．花饰、线条刷涂料工程量计算规则，以下说法正确的是（　　）。

A．空花格、栏杆刷涂料按设计图示尺寸以单面外围面积计算

B．空花格、栏杆、线条刷涂料按设计图示尺寸以单面外围面积计算

C．空花格、栏杆刷涂料按设计图示尺寸以双面外围面积计算

D．空花格、栏杆、线条刷涂料按设计图示尺寸以双面外围面积计算

1896．花饰、线条刷涂料工程量计算规则，以下说法正确的是（　　）。

A．空花格、栏杆、线条刷涂料按设计图示尺寸以单面外围面积计算

B．空花格、栏杆刷涂料按设计图示尺寸以单面外围面积计算、线条以长度计算

C．空花格、栏杆刷涂料按设计图示尺寸以双面外围面积计算、线条以长度计算

D．空花格、栏杆、线条刷涂料按设计图示尺寸均以双面外围面积计算

1897．裱糊项目的项目编码是（　　）。

A．020510　　B．020509　　C．020508　　D．020507

1898．对于裱糊项目，以下说法正确的是（　　）。

A．裱糊项目包括墙纸裱糊、织锦缎裱糊 2 个清单项目

B．裱糊项目包括墙纸裱糊、墙布裱糊、织锦缎裱糊 3 个清单项目

C．裱糊项目包括墙纸裱糊、墙布裱糊、织锦缎裱糊、塑料布裱糊 4 个清单项目

D．裱糊项目包括墙纸裱糊、织锦缎裱糊 1 个清单项目

1899．裱糊工程的工程内容不包括（　　）。

A．基层清理　　B．刮腻子　　C．运输墙纸　　D．刷防护材料

1900．裱糊工程的项目特征不包括（　　）。

A．基层类型　　B．裱糊构件部位

C．面层材料品种、规格　　D．裱糊部位面积

1901．裱糊工程的工程量按（　　）计算。

A．长度　　B．高度

C．面积（扣除门窗面积）　　D．面积（不扣除门窗面积）

1902．柜类、货架、浴厕配件、装饰线等的项目编码是（　　）。

A．0203　　B．0204　　C．0205　　D．0206

1903．柜类、货架、浴厕配件、装饰线等中暖气罩的项目编码是（　　）。

A．020501　　B．020502　　C．020601　　D．020602

1904．柜类、货架、浴厕配件、装饰线中关于暖气罩，以下说法正确的是（　　）。

A．暖气罩包括暖气罩、塑料板、金属暖气罩 3 个清单项目

B．暖气罩包括塑料板、金属暖气罩 2 个清单项目

C．暖气罩包括暖气罩 1 个清单项目

D．暖气罩包括暖气罩、塑料板、金属暖气罩、木暖气罩 4 个清单项目

1905．柜类、货架、浴厕配件、装饰线中暖气罩的项目特征不包括（　　）。

A．材质　　B．长度

C．单个罩垂直投影面积　　D．油漆品种

1906．柜类、货架、浴厕配件、装饰线等中暖气罩的工程量按设计图示尺寸（　　）计算。

A．以垂直投影面积（不展开）　　B．以垂直投影面积（展开）

C．以“个”　　D．以暖气罩体积

1907．柜类、货架、浴厕配件、装饰线中关于浴厕配件，以下说法正确的是（　　）。

A．浴厕配件项目包括洗漱台、晒衣架、浴缸拉手、毛巾环、肥皂盒等 8 个清单项目

B．浴厕配件项目包括晒衣架、浴缸拉手、毛巾杆、肥皂盒、镜箱等 10 个清单项目

C．浴厕配件项目包括晒衣架、浴缸拉手、浴缸、肥皂盒、镜箱等 6 个清单项目

D．浴厕配件包括洗漱台、晒衣架、浴缸拉手、卫生纸盒、肥皂盒等 9 个清单项目

1908．浴厕配件中洗漱台的工程量计算规则是按设计图示尺寸（　　）

A．以台面外界矩形面积计算，扣除孔洞、挖弯、削角所占面积

B．以台面外界矩形面积计算，不扣除孔洞、挖弯、削角所占面积，挡板、吊沿板面积不计

C．以台面外界矩形面积计算，不扣除孔洞、挖弯、削角所占面积，挡板、吊沿板面积并入的台面面积内

D．以台面外界矩形面积计算，扣除孔洞、挖弯、削角所占面积，挡板、吊沿板面积并入的台面面积内

1909．浴厕配件中晒衣架、毛巾杆、帘子杆的工程量计算规则是按设计图示（　　）计算。

A．数量　　B．长度

C．截面积　　D．视不同情况而定

1910．浴厕配件中镜面玻璃的工程量计算规则是按设计图示（　　）计算。

A．数量　　B．玻璃面积

C．边框外围面积　　D．高度

1911．压条、装饰线的项目编码是（　　）。

A．020503　　B．020504　　C．020603　　D．020604

1912．柜类、货架、浴厕配件、装饰线中关于压条、装饰线，以下说法正确的是（　　）。

A．压条、装饰线项目包括金属、木质、石材、石膏、铝塑、塑料 6 个清单项目

B．压条、装饰线项目包括金属、木质、石材、石膏、铝塑、镜面、塑料 7 个清单项目

C．压条、装饰线项目包括木质、石材、石膏、塑料 4 个清单项目，没有金属的

D．压条、装饰线项目包括金属、木质、石膏、塑料 4 个清单项目，没有石材的

1913．压条、装饰线的工程内容不包括（　　）。

A．压条制作　　B．运输　　C．安装　　D．刷防护材料

1914．压条、装饰线的项目特征不包括（　　）。

A．基层类型　　B．线条品种、规格

C．线条安装高度　　D．油漆情况

1915．压条、装饰线的工程量计算规则是按设计图示尺寸以（　　）计算。

A．长度　　B．面积　　C．条数　　D．道数

1916．柜类、货架、浴厕配件、装饰线中关于雨篷、旗杆，以下说法正确的是（　　）。

A．雨篷、旗杆项目包括雨篷吊挂饰面、金属旗杆、木旗杆、竹旗杆 4 个清单项目

B．雨篷、旗杆项目包括雨篷吊挂饰面、金属旗杆、木旗杆 3 个清单项目

C．雨篷、旗杆项目包括雨篷吊挂饰面、金属旗杆 2 个清单项目

D．雨篷、旗杆项目包括雨篷吊挂饰面、金属旗杆共 1 个清单项目

1917．柜类、货架、浴厕配件、装饰线中雨篷、旗杆的项目编码是（　　）。

A．020605　　B．020606　　C．020505　　D．020506

1918．金属旗杆的工程内容不包括（　　）。

A．土方挖填　　B．基础混凝土浇筑

C．旗杆制作、安装　　D．旗子制作

1919．旗杆的项目特征不包括（　　）。

A．旗杆材料种类　　B．旗杆高度

C．基座材料种类　　D．旗子材料种类

1920．柜类、货架、浴厕配件、装饰线中雨篷吊挂饰面的工程量按设计图示（　　）计算。

A．尺寸以雨篷长度　　B．尺寸以水平投影面积

C．展开面积　　D．体积

1921．柜类、货架、浴厕配件、装饰线中旗杆的工程量按设计图示（　　）计算。

A．数量　　B．高度　　C．直径　　D．体积

1922．柜类、货架、浴厕配件、装饰线中招牌、灯箱的项目编码是（　　）。

A．020605　　B．020606　　C．020505　　D．020506

1923．柜类、货架、浴厕配件、装饰线中关于招牌、灯箱，以下说法正确的是（　　）。

A．招牌、灯箱项目包括平面箱式招牌、竖式标箱、灯箱 3 个清单项目

B．招牌、灯箱项目包括平面箱式招牌、竖式标箱、横式标箱、灯箱 4 个清单项目

C．招牌、灯箱项目包括平面箱式招牌、横式标箱、灯箱 3 个清单项目

D．招牌、灯箱项目包括平面箱式招牌、灯箱 2 个清单项目

1924．柜类、货架、浴厕配件、装饰线中关于招牌、灯箱的工程内容不包括（　　）。

A．基层安装　　B．箱体及支架制作、安装

C．面层制作　　D．广告制作

1925．柜类、货架、浴厕配件、装饰线中关于招牌、灯箱的项目特征不包括（　　）。

A．箱体规格　　B．基层材料种类

C．面层材料种类　　D．电光源种类

1926．平面、箱式招牌的工程量计算规则是按设计图示尺寸以（　　）计算。

A．侧立面边框外围面积　　B．侧立面边框内面积

C．正立面边框外围面积　　D．正立面边框内面积

1927．平面、箱式招牌的工程量计算规则是按设计图示尺寸以（　　）计算。

A．侧立面边框外围面积，复杂形的凹凸造型部分不增加面积

B．正立面边框外围面积，复杂形的凹凸造型部分不增加面积

C．侧立面边框外围面积，增加复杂形的凹凸造型部分面积

D．正立面边框外围面积，增加复杂形的凹凸造型部分面积

1928．竖式标箱、灯箱的工程量计算规则是按设计图示（　　）计算。

A．尺寸以正立面面积　　B．尺寸以侧立面面积

C．以数量　　D．以体积

1929．柜类、货架、浴厕配件、装饰线中美术字的项目编码是（　　）。

A．020605　　B．020606　　C．020607　　D．020608

1930．柜类、货架、浴厕配件、装饰线中关于美术字，以下说法正确的是（　　）。

A．美术字项目包括泡沫塑料字、有机玻璃字、木质字、金属字 4 个清单项目

B．美术字项目包括泡沫塑料字、有机玻璃字、木质字、金属字、铜字 5 个清单项目

C．美术字项目包括泡沫塑料字、有机玻璃字、金属字 3 个清单项目

D．美术字项目包括泡沫塑料字、金属字 2 个清单项目

1931．美术字的工程内容不包括（　　）。

A．字制作、运输　　B．安装　　C．刷油漆　　D．基层清理

1932．美术字的项目特征不包括（　　）。

A．基层类型　　B．携字材料品种

C．字体规格　　D．字体

1933．美术字的工程量计算规则是按设计图示（　　）计算。

A．尺寸以面积　　B．字数量　　C．单个字面积　　D．字展开面积

1934．关于楼梯装饰项目，下列说法正确的是（　　）。

A．楼梯装饰项目包括石材、块料、水泥砂浆、现浇水磨石 4 个清单项目

B．楼梯装饰项目包括石材、块料、水泥砂浆、现浇水磨石、木板楼梯面层 5 个清单项目

C．楼梯装饰项目包括石材、块料、水泥砂浆、现浇水磨石、地毯、木板楼梯面层 6

个清单项目

D．楼梯装饰项目包括石材、块料、水泥砂浆、现浇水磨石、预制水磨石、地毯、木板楼梯面层 7 个清单项目

1935．关于扶手、栏杆、栏板装饰，以下说法正确的是（　　）。

A．扶手、栏杆、栏板适用于楼梯、阳台、走廊、回廊工程

B．扶手、栏杆、栏板适用于楼梯、阳台、走廊及其他装饰性工程，不适用于回廊

C．扶手、栏杆、栏板适用于楼梯、阳台、走廊、回廊及其他装饰性工程

D．扶手、栏杆、栏板适用于楼梯、阳台工程，不适用于走廊、回廊

1936．关于扶手、栏杆、栏板装饰，以下说法正确的是（　　）。

A．扶手、栏杆、栏板装饰项目包括金属，硬木，塑料扶手带栏杆、栏板 3 个清单项目

B．扶手、栏杆、栏板装饰项目包括金属，硬木，塑料扶手带栏杆、栏板，金属，硬木，塑料靠墙扶手 6 个清单项目

C．扶手、栏杆、栏板装饰项目包括金属，硬木，塑料扶手带栏杆、栏板，金属，硬木靠墙扶手 5 个清单项目

D．扶手、栏杆、栏板装饰项目包括金属，硬木，塑料扶手带栏杆、栏板，硬木靠墙扶手 4 个清单项目

1937．关于墙面抹灰，以下说法正确的是（　　）。

A．墙面抹灰项目包括墙面一般抹灰、装饰抹灰、墙面勾缝、墙面贴面砖 4 个清单项目

B．墙面抹灰项目包括墙面一般抹灰、装饰抹灰、墙面勾缝 3 个清单项目

C．墙面抹灰项目包括墙面一般抹灰、装饰抹灰 2 个清单项目

D．墙面抹灰项目只包括墙面一般抹灰 1 个清单项目

1938．关于墙面镶贴块料，以下说法正确的是（　　）。

A．墙面镶贴块料项目包括石材墙面、碎拼石材墙面、块料墙面、干挂石材钢骨架、外墙保温 5 个清单项目

B．墙面镶贴块料项目包括石材墙面、碎拼石材墙面、块料墙面、干挂石材钢骨架 4 个清单项目

C．墙面镶贴块料项目包括石材墙面、碎拼石材墙面、块料墙面 3 个清单项目

D．墙面镶贴块料项目包括石材墙面、块料墙面 2 个清单项目

1939．关于柱（梁）面镶贴块料，以下说法正确的是（　　）。

A．柱（梁）面镶贴块料项目包括石材柱面、碎拼石材柱面、块料柱面、石材梁面、块料梁面 5 个清单项目

B．柱（梁）面镶贴块料项目包括石材柱面、碎拼石材柱面、干挂石材钢骨架、石材梁面、块料梁面 5 个清单项目

C．柱（梁）面镶贴块料项目包括石材柱面、块料柱面、石材梁面、块料梁面 4 个清单项目

D．柱（梁）面镶贴块料项目包括石材柱面、块料柱面、块料梁面 3 个清单项目

1940．关于墙饰面项目，下列说法正确是（　　）。

A．墙饰面项目包括金属饰面、塑料饰面、木质饰面、装饰板墙面 4 个清单项目

B．墙饰面项目包括塑料饰面、木质饰面、装饰板墙面 3 个清单项目

C．墙饰面项目包括木质饰面、装饰板墙面 2 个清单项目

D．墙饰面项目只包括装饰板墙面 1 个清单项目

1941．关于顶棚吊顶项目，下列说法正确是（　　）。

A．顶棚吊顶项目包括顶棚吊顶、格栅吊顶、吊筒吊顶、藤条造型悬挂吊顶 4 个清单项目

B．顶棚吊顶项目包括顶棚吊顶、格栅吊顶、吊筒吊顶、藤条造型悬挂吊顶、织物软雕吊顶 5 个清单项目

C．顶棚吊顶项目包括顶棚吊顶、格栅吊顶、吊筒吊顶、藤条造型悬挂吊顶、织物软雕吊顶、网架吊顶 6 个清单项目

D．顶棚吊顶项目包括顶棚吊顶、格栅吊顶、吊筒吊顶、藤条造型悬挂吊顶、织物软雕吊顶、网架吊顶、石膏板吊顶 7 个清单项目

试 题 答 案

任务一 建筑工程计价概述

1-5 AABDD
6-10 CADDA
11-15 AADAD
16-20 CDCCC
21-25 BBCDD
26-30 ACBBC
31-35 ABAAC
36-40 DCDAA
41-45 DBBDB
46-50 BABCA
51-55 ABBDB
56-60 AAABA
61-65 AACBB
66-70 BACAB
71-75 DDAAA
76-80 BABDC
81-85 AAABC
86-90 BBBBA
91-95 CCDCD
96-100 CCCCC
101-105 CCAAC
106-110 BDDDB
111-115 CACAC
116-120 ABCCC
121-125 CDDBD
126-130 CCDCA
131-135 ADCCB
136-140 ADDAC
141-145 DDDAC
146-150 BAAAA
151-155 CBBCB
156-160 CDCDD
161-165 BBDAC
166-170 DCDCC
171-175 ABADB
176-180 BBDBC
181-185 BBACA
186-190 CBAAC
191-195 DDCBA
196-200 ACAAA
201-205 ADDDD
206-210 DDDCC
211-215 CDCCC
216-220 CCAAB
221-225 CCDBD
226-230 ABCBB
231-235 CDABA
236-240 DBDAD
241-245 DCAAA
246-250 DCCBA
251-255 DDDCB
256-260 CDCCB
261-265 BCBAA
266-270 DDDAA
271-275 CADBD
276-280 DADCC
281-285 CBADB
286-290 AABDD
291-295 ACDBC
296-300 CCABA
301-305 BACCB
306-310 CBCDC
311-315 CDDDC
316-320 BABAB
321-325 DBBDA
326-330 BCAAC
331-335 BBABA
336-340 BAAAB
341-343 CDC

任务二 建筑工程消耗量定额

344-345 DB
346-350 BDBDA
351-355 BDABC
356-360 BDACA
361-365 BDDDD
366-370 CDBDA
371-375 AABCA
376-380 AACBA
381-385 BAACA
386-390 AAABA
391-495 CAAAB
396-400 BABDD
401-405 BCDBC
406-410 CCBDA
411-415 DBBBB
416-420 ACBAB
421-425 CDBBC
426-430 CBAAD
431-435 AAABA
436-440 CDDCD
441-445 BDBCB

446-450 AADBB
451-455 AABDC
456-460 DDBAD
461-465 CADCD
466-470 DDCDC
471-475 BCCDC
476-480 DCCBA
481-485 ABDCA
486-488 ADD

任务三 建筑工程费用

489-490 AC
491-495 BAABA
496-500 DADBD
501-505 BCCDA
506-510 CBDAB
511-515 DCCDB
516-520 BCBDB
521-525 ABBCD
526-530 CCDBB
531-535 CCCAC
536-540 DDBCA
541-545 DCCAB
546-550 CBBDA
551-555 BBAAB
556-560 CAABB
561-565 BACDB
566-570 AAACD
571-575CDBCC
576-580 CDAAA
581-585 ACCDB
586-590 ABADC
591-595 ABDAC
596-600 BACCA
601-605 BBCCB
606-610 CBAAA
611-615 CCCAB
616-620 DDADD
621-625 DBDAC
626-630 DADAD
631-635 CDDDB
636-640 BCCDC
641-645 BDBDD
646-650 DDBAD
651-655 DCDDB
656-660 DBBCA
661-665 CBCCC
666-670 AAADB
671-675 BADBB
676-680 BDADC
681-685 BCBCB
686-690 DAAAD
691-695 BDDBC
696-700 BACAA
701-705 ADCDC
706-710 DBBCC
711-715 BBBCC
716-720 DCACB
721-725CCCAB
726-730 BBCBD
731-735 BBCBC
736-740 BBBBB
741-745 BCBBA
746-750 DDACD
751-755 BCBDD
756-760 BBADD
761-765 DAADA
766-770 CCCCC
771-775 CCCCC
776-780 DDACB
781-785 CADCA
786-790 ABCDB
791-795 ADBDC
796-800 BADAA
801-805 ADDBA
806-810 CDCCD
811-815 CDABC
816-820 CCCCB
821-825 CCCBA
826-828 DDC

任务四 建筑工程工程量清单

829-830 BC
831-835 BDBAA
836-840 BBABA
841-845 CDDBC
846-850 DBADC
851-855 BADBC
856-860 BABCD
861-865 BDDCD
866-870 CCBBC
871-875 CDDDB
876-880 BBABB
881-885 BCCDA
886-890 ABABC
891-895 BDABA
896-900 ABDDA
901-905 ABACA
906-910 ABCDD
911-915 BDAAC
916-920 DBABC
921-925 BDBBC
926-930 BDADD
931-935 DDDCB
936-940 CBCAA
941-945 DADBD
946-950 DBBDA
951-955 ABADC
956-960 DABCD

961-965 BDBAD
966-970 DDBCD
971-975 DADAA
976-980 ADDDD
981-985 BCBBC
986-990 BBAAD
991-995 CCAAD
996-1000 ABDAC
1001-1005 BDACC
1006-1010 DADAB
1011-1015 DDBCD
1016-1020 CDDCA
1021-1025 BACCC
1026-1030 CAACB
1031-1035 DCCBC
1036-1040 AAACC
1041-1045 DACDD
1046-1050 ADBCD
1051-1055 BDDDA
1056-1060 DBCBB
1061-1065 CCCAD
1066-1070 CBCAD
1071-1075 DCCAC
1076-1080 CBACB
1081-1085 CDCCC
1086-1090 BABDD
1091-1095 DBACC
1096-1100 BDCAB
1101-1105 DADCC
1106-1110 CABCC
1111-1115 ADBCD
1116-1120 CCDAB
1121-1125 ABACA
1126-1130 BDAAC
1131-1135 DACDA
1136-1140 CCBDB
1141-1145 BADCA
1146-1150 DACDD
1151-1155 CBDCD
1156-1160 DCCDD
1161-1165 ACCCB
1166-1170 DCCBA
1171-1175 BCACB
1176-1180 CDBAC
1181-1185 BDABC
1186-1190 DBDCA
1191-1195 BCACC
1196-1200 DDAAA
1201-1205 DBBDD
1206-1210 DCDDA
1211-1215 ADCAA
1216-1220 BDACD
1221-1225 DBABD
1226-1230 DACBB
1231-1235 DACBA
1236-1240 ABDBD
1241-1245 BCABB
1246-1250 BACCA
1251-1255 DBDBA
1256-1260 ACDDA
1261-1265 AACDD
1266-1270 DBCDA
1271-1275 DCBBD
1276-1280 DDBCD
1281-1285 DAABC
1286-1290 DBDCC
1291-1295 ABCDD
1296-1300 ABCDB
1301-1305 DACBD
1306-1310 CCBDB
1311-1315 CCCAB
1316-1320 BCBCC
1321-1325 DACBA
1326-1330 BCCBA
1331-1335 BACAB
1336-1340 CABCA
1341-1345 CACAB
1346-1350 CDABC
1351-1355 DCDAB
1356-1360 BDAAB
1361-1365 ACBAD
1366-1370 DCADA
1371-1375 BDBCA
1376-1380 BDACB
1381-1385 ADDCB
1386-1390 CBBDC
1391-1395 ADDAC
1396-1400 DCACB
1401-1405 CDDAA
1406-1410 ADCAC
1411-1415 DBBCD
1416-1420 CAADB
1421-1425 CBABC
1426-1430 BCBCD
1431-1435 ABBAB
1436-1440 CADDA
1441-1445 CBBDC
1446-1450 ABCCB
1451-1455 DABCA
1456-1460 BBDAD
1461-1465 DACBB
1466-1470 BCBDA
1471-1475 DACAA
1476-1480 BADDD
1481-1485 CABCA
1486-1490 CDABA
1491-1495 BCADA
1496-1500 DCABC
1501-1505 DDCBA
1506-1510 ABADB
1511-1515 CACCD
1516-1520 ABABC
1521-1525 BBDAC
1526-1530 ADADC
1531-1535 ABADC
1536-1540 CBCDA
1541-1545 DBDBC

1546-1550 ABDAB
1551-1555 ABCBC
1556-1560 AADDB
1561-1565 ADAAD
1566-1570 CAABA
1571-1575 CBBDB
1576-1580 ABCAD
1581-1585 BCABD
1586-1590 BCDDA
1591-1595 ACABB
1596-1600 CBCBD
1601-1605 BBDCD
1606-1610 ADAAB
1611-1615 CCDDC
1616-1620 BCCDC
1621-1625 ACABA
1626-1630 BABCA
1631-1635 DBADB
1636-1640 DCAAC
1641-1645 CADBB
1646-1650 BCABA
1651-1655 DDABB
1656-1660 CDDAB
1661-1665 BCCAD
1666-1670 CABAD
1671-1675 BADCD
1676-1680 DACBC
1681-1685 ADADB
1686-1690 CCBCD
1691-1695 ABDBC
1696-1700 DACCC
1701-1705 ADADB
1706-1710 CDDAB
1711-1715 DDCBD
1716-1720 BCAAB
1721-1725 CCBDB
1726-1730 DABDB
1731-1735 ABDBC
1736-1740 CAABA
1741-1745 DCBDA
1746-1750 DCDDB
1751-1755 ACABA
1756-1760 CCBDD
1761-1765 ADDCB
1766-1770 DAACD
1771-1775 BDCAB
1776-1780 ADABC
1781-1785 DCABD
1786-1790 ADABC
1791-1795 CDCCA
1796-1800 DCDAB
1801-1805 ADCCB
1806-1810 CADAB
1811-1815 ADACC
1816-1820 BDBCA
1821-1825 DCACD
1826-1830 CBADB
1831-1835 DCCAD
1836-1840 BDBAB
1841-1845 ACCBD
1846-1850 DAADB
1851-1855 BDCAA
1856-1860 DDACC
1861-1865 DBBAC
1866-1870 DACBC
1871-1875 BBAAC
1876-1880 ADDBC
1881-1885 DCACB
1886-1890 ACBDA
1891-1895 BBDCA
1896-1900 BBACD
1901-1905 CDDAB
1906-1910 ABCAC
1911-1915 DBBCA
1916-1920 CADDB
1921-1925 ABADD
1926-1930 CBCCA
1931-1935 DDBCC
1936-1940 BBBAD
1941 C